国家林业局普通高等教育"十三五"

U0237567

森林航空消防技术

裴建元　肖金香　叶　清　主编

中国林业出版社

图书在版编目（CIP）数据

森林航空消防技术/裴建元，肖金香，叶清主编. 北京：中国林业出版社，2017.7
国家林业局普通高等教育"十三五"规划教材
ISBN 978 – 7 – 5038 – 9096 – 3

Ⅰ. ①森…　Ⅱ. ①裴…　②肖…　③叶…　Ⅲ. ①飞机防火—森林防火—高等学校—教材
Ⅳ. ①S762.6
中国版本图书馆 CIP 数据核字（2017）第 151718 号

本书由江西省科技厅资助项目：航空护林与森林火灾对生态系统的损益分析研究资助出版，编号：20133BBG71012

国家林业局生态文明教材及林业高校教材建设项目

中国林业出版社·教育出版分社

策划编辑：肖基浒　　　　　　　　责任编辑：肖基浒　丰　帆
电　　话：(010)83143555　83143558　　　传　真：(010)83143516

出版发行　中国林业出版社(100009　北京市西城区德内大街刘海胡同 7 号)
　　　　　E-mail:jiaocaipublic@163.com　电话:(010)83143500
　　　　　http://lycb.forestry.gov.cn
经　　销　新华书店
印　　刷　北京市昌平百善印刷厂
版　　次　2017 年 7 月第 1 版
印　　次　2017 年 7 月第 1 次印刷
开　　本　787mm×1092mm　1/16
印　　张　11.75
字　　数　278 千字
定　　价　27.00 元

《森林航空消防技术》
编写人员

主　　编　裴建元　肖金香　叶　清

编写人员　（以姓氏笔画排序）

王世平（中国民用航空局第二研究所）

王秉玺（中国民用航空局第二研究所）

王秋华（西南林业大学）

邓湘雯（中南林业科技大学）

叶　清（江西农业大学）

田晓瑞（中国林业科学研究院森林生态环境
　　　　与保护研究所）

朱　那（北方航空护林总站）

朱相崧（江西航空护林局）

刘春荣（江西航空护林局）

严风硕（中国民用航空局第二研究所）

杨　旭（江西航空护林局）

李世友（西南林业大学）

肖文军（江西省航空护林局）

肖金香（江西农业大学）

何　明（江西航空护林局）

张思玉（南京森林警察学院）

张桂林（江西省航空护林局）

陈宏刚（南方航空护林总站）

赵　平（江西航空护林局）

赵宏江（北方航空护林总站）

裴建元（江西航空护林局）

主　　审　张喜忠（北方航空护林总站）

序

我国航空护林事业于 20 世纪五十年代初从嫩江起航，历经起落，逐步发展到现在已有 31 个省(自治区、直辖市)开展航空护林，北方航站从最初的 1 个发展到现在的 14 个；南方也发展为 6 个直属航站、7 个省属航站、12 个季节性航站。灭火手段从最早的空降人员灭火到固定翼飞机化学药剂灭火，再到引进直升机吊桶灭火，科技含量不断提高，灭火能力大大加强，扑灭多起重要时段、重要地区、重要目标、重要设施，靠人力无法扑灭的森林大火，发挥了不可替代作用，为保护我国绿色生态和森林资源做出了积极贡献。

江西航空护林站(局)于 2007 年底成立，尽管只有短短的 9 年时间，但一直坚持一手抓航空护林、一手抓航站建设，积极打造学习型、和谐型、创新型航站，实现了从无到有、从小到大、从弱到强，建成了南方省属示范站，创造了航空护林发展的"江西模式"。做法之一就是狠抓人才队伍建设，针对缺乏航护教材的现状，联合江西农业大学、西南林业大学、中南林业科技大学、南京森林警察学院 4 所高校和中国林业科学研究院森林生态环境与保护研究所、中国民用航空局第二研究所合作编写了《森林航空消防技术》教材。

《森林航空消防技术》是高校林业硕士研究生必修的一门十分重要的专业基础课。该书在充分消化吸收南北方总站长期以来培训航护人员丰富经验的基础上，全面、系统地阐述了航空护林的各项技术，是理论与实践的升华。

该教材适应了培养学生面向国家需求、面向未来、面向现代化要求，应用辩证唯物主义方法阐述了森林航空消防技术中的航空巡护、航空火情侦察、航空信息传输、航空灭火指挥与调度、航空灭火技术和航空消防技术档案的建立，并作了江西省航空消防案例分析。既重视森林航空消防技术的理论阐述，又注重国内外先进研究成果的融入和发展动向介绍；既重视森林航空消防技术的理论与方法的结合，又重视实践应用。

该书思路清晰，章节结构合理，选材精练，概念准确，文字流畅，是一部全国农林高校林业硕士必修的课程，也是林学本科生和全国航空护林队伍培训的参考教材。

国家森林防火指挥部副总指挥

2016 年 8 月 30 日

前　言

我国是森林火灾较为严重的国家之一，森林火灾的频发，不仅破坏森林资源，而且对生态环境的破坏也是十分严重的。森林防火措施很多，但森林航空消防是进行火灾预防和扑救的重要手段之一，是我国现阶段先进的防火、灭火主要措施。森林航空消防是一个国家现代文明和森林防火现代化水平的重要标志，是一项体现高科技、高投入、高效益的工作，具有火情发现早、报告准、行动快、灭在小等优越性。森林航空消防的任务之一就是为森林消防服务，对保护森林资源安全、生态安全和国土资源安全具有重要意义。

党和政府历来高度重视我国森林防火工作。在全国上下全面加强生态文明建设，着力推进国土绿化，着力提高森林质量的林业大发展时期，做好森林火灾的防范和迅速、高效处置，保护好珍贵的森林资源和野生动物资源免受火患，显得格外紧迫和重要。随着气候变暖异常高温干旱天气增多，随着造林绿化生态建设成果累积而森林可燃物增多，随着森林旅游事业发展进山入林人员车辆增多而森林火险隐患越来越大，森林防火的任务愈加艰巨。

江西省森林航空护林站成立于 2007 年，2015 年改为航空护林局。近十年来，已圆满完成了 8 个航期的航空护林工作和 3 个夏季的华东、华中地区森林航空值班任务，租用各型护林飞机共 38 架，实施各种森林航空消防作业 647 架次，飞行 1584 小时 09 分。及时将 61 场森林大火扑灭，充分发挥了航空护林在森林防火中的不可替代作用，最大限度减少了森林资源损失，为保护江西的青山绿水和生态环境做出了积极贡献。

江西省森林航空护林局在抓森林航空消防的同时，注重抓科学研究，完成了多项课题任务，成为江西农业大学研究生教育基地。编写森林航空消防教材的想法得到了江西省林业厅、江西省防火办、江西农业大学等院校的支持。2014 年 7 月在江西省航空护林站召开了教材编写会议，会上讨论了大纲的编写思想、编写内容及分工。2015 年第一次统稿初审，2016 年第二次修改定稿，并列为国家林业局普通高等教育"十三五"规划教材。

教材各章编写分工：第 1 章田晓瑞编写；第 2 章由叶清、肖金香、肖文军、张桂林编写；第 3 章由肖金香、赵宏江、朱那编写；第 4 章由 王世平 、王秉玺、严风硕编写；第 5 章由李世友、王秋华、陈宏刚编写；第 6 章由张思玉编写；第 7 章由邓湘雯编写；第 8

由裴建元、刘春荣、赵平、杨旭、何明、朱相崧编写。全书由肖金香教授统稿和初审，北方航空护林总站张喜忠总工程师在百忙之中为本书主审，并提出宝贵意见。国家森林防火指挥部杜永胜专职副总指挥为本书撰写序言。

本书的出版得到中国林业出版社和国家森林防火指挥部、北方航空护林总站、南方航空护林总站、江西省林业厅、江西省森林防火指挥部、江西省航空护林局、江西农业大学、西南林业大学、中南林业科技大学、南京森林警察学院、中国林业科学研究院森林生态环境与保护研究所、中国民用航空局第二研究所的领导大力支持以及各位教授、专家的热情赐稿。在此，向关心、支持本书出版的单位和领导、付出辛勤劳动的主审和撰稿同仁、所有参考文献的著者表示衷心的感谢。

编者虽竭尽全力，力求完善，书中难免存在错误和不妥之处，敬请读者批评指正。

编　者

2016 年 9 月

目　录

序

前　言

第1章

绪　论

1.1　森林航空消防技术的研究对象与任务

1.1.1　森林航空消防的研究对象

　　森林航空消防是利用飞机对森林火灾进行预防和扑救的一种手段，是森林防火工作的重要组成部分。森林航空消防技术的研究对象是航空飞行器的应用技术，包括如何利用航空飞行器进行有效地林火探测、林火扑救和其他相关任务。

1.1.2　森林航空消防的任务

　　森林航空消防是预防和扑救森林火灾的重要手段，在保护森林资源、维护生态平衡中发挥着重要的作用。森林航空消防任务主要包括：巡逻监视、空中指挥、洒水（或化学灭火剂）灭火或开设隔离带、机降索（滑）降灭火、吊桶（囊）灭火、机群航化灭火、伞降灭火、人工降雨、空中点烧防火线、空中宣传防火、火场急救、运送扑火物资以及火场服务等（黎洁，刘克韧，2003）。森林航空消防的技术优势主要体现在：①机动性强、不受地形限制。依靠飞机的机动能力能够抵达一般灭火力量无法到达的山区，并可及时进行灭火作业（尚超，王克印，2013）。②一次飞行扑灭火线较长。现有的航空灭火飞机运载能力较大，一次飞行携带的灭火剂或水可以扑灭较长的火线。③飞机探测可以提供准确及时的火场信息，有助于提供灭火效率。

1.2 森林航空消防的地位与作用

1.2.1 森林航空消防的地位

森林航空消防在森林防火中发挥着不可替代的重要作用，其作用主要是通过航空护林空中优势的发挥来实现的。我国森林火灾还比较严重。据统计，1950—2010 年，中国年均发生森林火灾 1.29 万次，年均受害森林面积 $62.3 \times 10^4 hm^2$。中国的森林防火工作是以 1987 年 5 月黑龙江大兴安岭特大森林火灾为转折点，1988 年以后年均森林火灾次数和受害森林面积显著下降，1988—2012 年年均发生森林火灾 7 935 次，受害森林面积 $9.2 \times 10^4 hm^2$。中国政府高度重视森林防火工作，建立了以东北航空护林中心、西南航空护林总站为核心的森林航空消防体系，作业范围覆盖 17 个森林防火重点省（自治区），年租用固定翼飞机和直升机 140 余架、飞行逾 10 000h，在森林防火工作中发挥了重要作用（焦德发，2012）。

1.2.2 森林航空消防的作用

森林航空消防是在火情探测、火场侦察和调度指挥中发挥着重要作用，特别是在山高坡陡、交通不便、人烟稀少的森林火灾扑救中，森林航空消防充分显示了其他手段不可替代的重要作用。具体表现在以下几个方面：①空中巡护。通过空中巡护，及时准确地发现、传递和报告火情，弥补地面监测不到的区域，实现早发现、早扑救。②火场侦察。通过对火场空中侦察，利用移动多媒体传输系统，为火场前线指挥部快速提供准确、直观的火场信息，使扑火指挥调度更科学合理。③直接灭火。通过机、索、滑降灭火，吊桶、吊囊灭火，机群化灭的实施，使山高坡陡、交通不便的边远林区、重点林区、原始林区发生的森林火灾得以及时扑救，力争做到"打早、打小、打了"。④火场救援。为火场提供远距离运输扑火物资和食品，保障火场后勤供应。⑤防火宣传。通过空投森林防火宣传单，把森林防火信息及时送到广大林区（杨林，2012）。随着森林航空消防技术的不断发展，我国森林航空消防业务不断增加，业务范围也不断扩大。随着基地密度逐年增加，航空消防作业区域已经覆盖了我国重点林区。航空消防业务项目也从简单的发现火情向采取综合措施直接灭火方向发展，成为森林火灾预防和扑救的攻坚力量（黎洁，刘克韧，2013）。

1.3 森林航空消防技术主要研究内容

森林航空消防技术主要研究涉及巡护技术、火情侦察与信息传输、灭火技术、灭火组织与调度、技术档案管理及其他相关森林航空消防技术。航空巡护技术包括航线的设计、巡护方法、林火种类的空中判断与火场发展判断等；森林航空火情侦察包括火情观察、火场信息采集（位置、火场图绘制、天气条件、森林植被情况、火场面积等）；森林航空灭火技术包括吊桶灭火、索(滑)降灭火、机降灭火、化学灭火、机群灭火、地空配合灭火、人工增雨等。

1.4 森林航空消防发展历程

1.4.1 国外森林航空消防发展历程

航空护林初期阶段(20 世纪初至 40 年代),主要是使用飞机进行巡护,观察森林火情、及时通报情况。世界各国森林航空消防的发展过程与自身的经济发展和森林防火需要密切相关。1915 年 8 月美国华盛顿州林务局第一次使用飞机侦察森林火灾。1924 年加拿大安大略省也开始使用飞机侦察森林火灾。1931 年,苏联组成了第一个森林航空队,在高尔基地区逾 100×10^4 hm² 森林面积上用飞机进行护林防火。从 1932—1935 年,在苏联各个地区的林区进行了航空护林防火的试点工作。从 1936 年起在全苏范围的大面积林区内开展起来(郑林玉,张喜中,1992)。第二次世界大战以后,大量军用飞机用于森林防火,航空护林得到迅速发展。

进入 20 世纪 50 年代之后,森林航空消防在森林国土面积比较多的国家就普遍开展起来,而且开始采用航空直接灭火。航空护林飞机大多是从军事退役的,在器件上稍加改动、人员上稍加训练,便演变成航空护林直接灭火。伞降灭火是最先采取的航空灭火手段。陆续采取航空护林直接灭火的手段还有投弹方式、喷洒方式、机降方式。目前世界各国较普遍选用的方式是机降扑火队员和洒水(灭火剂)灭火。世界上使用的洒水飞机类型有:P4 Y-2,Martin Mars,S-2E Tracker,C-130Hercules,Canadair CL-215,M-18 Dromader,Q400,AT-802F,OV-10As,CL-415 和 Be-200。航空消防中使用的直升机类型有:Bell-47,Alouette III,UH-1 Huey,Bell-205A,Bell-206 Jet Ranger,210,212,Scorsky S-58,S-70 Firehawk,60 Blackhawk,AS350 Astar,Helicopter-64 Skycrane,MI-8,Ericson S-64F,AW-109,Scorsky S-76B,BK117,AS355 EURECUIL,Bell-412,Ka-27 Helix,Ka-32A,SA365 Dauphin2 和 AW139 (Ay,2011)。

1.4.1.1 美国

地面消防队员不能阻止野火蔓延,特别是在复杂的地形条件下,森林航空消防比传统方法更迅速地控制火势蔓延。空中消防大约开始于 1920 年,第一次尝试从飞机向地面的火场洒水。在美国加利福尼亚早期的实验(最终是不切合实际的)主要是从安装在单引擎飞机的木制啤酒桶倾倒水或阻燃剂在地面的火场,甚至尝试用一个普通的园林软管从飞机上向地面喷水。1935 年开展了航空消防控制实验项目。森林消防史上第一次真正的灭火跳伞是 1940 年 7 月 12 日鲁滨逊(Rufus Robinson)和勒伯爵(Earl Cooley)在内兹佩尔塞(Nez Perce)的第一区域。

飞机逐渐成为重要的火灾探测工具,但在洒水和阻燃剂扑救迅速蔓延大火上还不够成功(Admin,2011)。20 世纪 50 年代初,加利福尼亚公共安全官员认识到森林消防潜力并联合美国林务局开发实用的森林灭火飞机。直到 1954 年,美国林务局和其他组织在 TBM-

1C 轰炸机(TBM-1C bomber)上开发了一个有效的洒水系统，并在扑救 1954 年加利福尼亚南部的贾米森火灾(Jamieson fire)得到成功应用。到 20 世纪 50 年代中期，第二次世界大战后剩余的斯蒂尔曼(Stearman)PT-17 和 N3N 双引擎飞机被改造为灭火飞机，并发展更大的军用飞机以便于携带更多的阻燃剂或水。受农业喷洒技术启发，"消防直升机"(helitankers)也很快成为森林航空消防的主要力量。这些容易操控的直升机在第一次应用时就运输了超过 100 加仑的水，随着消防直升机的发展，机降技术得到应用。很快，各种各样的二战时期飞机都被用于美国西部的森林航空消防中(U. S. Centennial of Flight Commission, 2007)。像 B-25、道格拉斯 B-26 和洛克希德 PSV 等飞机都可以携带 1 000①加仑的水。波音 B-17 飞行堡垒(Boeing B-17 Flying Fortresses)、格鲁曼 PBY(Grumman PBY Supercats and Privateers)、F7F Tigercats 和 Fairchild C-119 Boxcars 也是航空消防早期的一些飞机(U. S. Centennial of Flight Commission, 2007)。这些飞机还可以运输跳伞队员进行地面灭火。20 世纪 60 年代末用于护林防火的飞机已达 1 000 架，跳伞灭火队员从 1940 年的 14 人增加到 1974 年的 400 多人，一年内他们在 1 200 个火场上完成 4 500 多次的跳伞灭火任务。跳伞队员非常有效，现在美国西部还分布着跳伞队员基地。

2002 年美国拥有大型灭火飞机 266 架，主要型号包括 P3A，P2V-5，P2V-7，C130A，C54G，DC7B，S2，S64，KC97，CL-215，S-P4Y-2 等。为应对严峻的野火形势和提高航空消防安全，目前世界上最大的航空消防飞机——"长荣超级水罐"，它是美国长荣国际航空公司在波音 747 宽体飞机基础上研发的新一代航空消防飞机，它能装载 20 500 加仑的化学灭火药剂或水，喷洒能力是其他固定翼灭火飞机的 7 倍以上。2009—2011 年改装的两架 747 超大型灭火飞机先后参加了 3 次扑火任务，第一次是 2009 年 7 月 23 日西班牙的昆卡火灾；第二次是 2009 年 8 月 31 日美国加州的奥克格伦火灾；第三次是 2010 年 12 月 5 日以色列北部的卡梅尔山林大火(江西军，2011)。波音 747 超大型灭火飞机的喷洒能力、喷洒效果、安全标准以及操作的灵活性具备众多创新，给航空消防带来了新的变化。

目前，一些更现代的军用飞机和无人直升机，如洛克希德 P-3 猎户座和 C-130 也开始应用于航空消防中。美国林务局考虑把 BAe-146 作为"下一代"灭火飞机，它是喷气式飞机，巡航速度 498 英里②/h，Tronos 型号的最大容量是 3 000 加仑阻燃剂(Gabbert, 2012)。2013 年，美国林务局雇佣了 8 架 K-MAX 无人直升机用于森林消防。2014 年 11 月 6 日，洛克希德·马丁公司团队展示了 K-MAX 无人机的能力，无人机可以有效发现热点并传送数据到运营中心，该无人机可以自动扑火(Gabbert, 2014)。一小时内 K-MAX 无人直升机可以向火场洒水 3 000 加仑，这相当于 Skycrane 一次的洒水量。通常 K-MAX 可以携带约 680 加仑的水，相当于一类(Type1)直升机最少 700 加仑的载量。但 K-MAX 和 Indago 无人机可以全天候日夜工作，没有生命危险。

1.4.1.2 俄罗斯

俄罗斯联邦负责 $11.11 \times 10^8 hm^2$ 森林的防火工作。每年的森林防火经费有 57.7% 用于航空巡逻(10.5%)和 Avialesookhrana 的航空护林部门(47.2%)，可以监测到 49% 以上的森林火灾。俄罗斯的森林防火机构是在林务局领导下的莫斯科中央航空护林中心，下设 22

---

① 1 加仑 = 3.785L；② 1 英里 = 1.609km。

个航空护林基地，323 个航空护林站和 2 100 个防火站、化学灭火站，遍布各林区，每个防火站、化学灭火站都有自己的灭火队，但航空护林基地和航空护林站的分布是按森林资源的多少和人口密度来设置的，如在人口稠密的欧洲部分只有一个航空护林基地，14 个航站。21 处航空护林基地和 300 多个航站均设在人烟稀少的远东和西柏利亚的原始林区。在欧洲部分设有若干个化学灭火站，隶属州林业机构或下属的林场(毕忠镇，1997)。防火站扑火队包括伞兵扑火队都是配合飞机实施航空灭火，化学灭火站是以地面灭火为主的。

1931 年，苏联开始森林航空消防实验，1931 年 7 月 7 日第一次有飞机探测到地面的森林火灾，这一天被认为是俄罗斯森林航空消防的开始(Anonymous，2014)。森林航空消防的主要目的是实现对林火的早期探测和偏远地区林火的快速控制。森林航空消防区内每年平均有 17 000 起林火，约 43% 的火灾是由飞机探测的，37% 的火灾扑救有森林航空消防力量支持。当 Avialesookhrana 建立了森林航空消防队就采用 U-2(PO2)和 Sh-2 飞机进行巡逻和空降跳伞队员任务。Li-2 和 Il-14 飞机也随后用于伞降。Yak-12 是当时最适合的空中巡逻飞机。自 1954 开始，Avialesookhrana 开始应用 AN-2、而后是 Mi-1 和 Mi-4 直升机。随着直升机的应用，开始了大规模的空中消防作业时代。20 世纪 70 年代中期，森林航空消防雇用超过 8 000 名跳伞队员和索降队员，高达 70% 火灾被控制在初发阶段。从航空企业租用 600 架飞机。20 世纪 80 年代，"Forester-2"伞降技术的应用可以使跳伞队员降落林中空地。高性能水泵 MLV-2/1.2 和 MLV-1 以及火线炸药投入使用。20 世纪 90 年代初开始进行实验使用 An-26P 和 An-32P 灭火飞机，在 AN-2 上安装特殊洒水系统，低速和空投高度条件适合阻燃剂的准确投洒。同时期，Be-12 军用飞机用于取水。根据距离水源，该飞机可以不补充加油就能完成 30 次洒水任务。1997 年 6 月 24 日 Mi-26T 吊挂一个 20t 有效载荷(5 200 加仑/19 600L)的双斑比桶(Twin Bambi Buckets)试飞成功(http://www.sonnet.com/usr/wildfire/mi26t2.html)。

1999 年，Avialesookhrana 航空基地拥有 93 架飞机(22 架直升机，3 架运输机，3 架水陆两用机和 61 架 AN-2 飞机)。每年俄罗斯航空护林总飞行时间37 400h，Avialesookhrana 航空基地的飞机飞行时间逾 9 000h(占全国的 24%)。新型水陆两用飞机 BE200P 也得到应用。1999 年，俄罗斯发生火灾 31 000 多起，过火面积 960 000hm^2，包括 680 000hm^2 林地。其中，6 000 多起火灾的扑救工作是在航空扑火部门协助下完成的，39.2% 的火灾由快速反应队伍在火灾发生当天扑灭。

由于经济衰退，跳伞队员和机降人员数量与 1980 年相比已经大大减少，但近年来数量基本稳定，目前有扑火队员 3 900 名。1999 年共扑灭 2 551 起火灾，933 跳伞队员和机降队员(防火专家)从一个地区到另一个地区不断转战，在扑救森林火灾过程中起到重要作用(Eduard，2000)。

1.4.1.3 加拿大

加拿大拥有广大的森林面积，1970—2001 年年均发生森林火灾 8 854 起，年均火灾面积 210×10^{4}hm^2(每年采伐面积 100×10^{4}hm^2)。每年用于林火管理的费用很高，在过去 25 年大幅度增加，这一趋势还要持续下去，目前平均每年经费为 5 亿加元(Brian，2002)。加拿大的森林防火工作主要由各省具体负责，全国约有 1 亿加元的灭火设备，650 支初始攻击灭火队，400 支持续攻击灭火队(5 人一组)，109 架大型洒水飞机，其中 CL-215/415

飞机 50 架，还有 66 架直升机、49 架扑火侦查机。这些飞机由联邦和省联合购买，由省、区政府管理与使用。在消防高峰期有 8 000 名消防人员、300 多架消防飞机投入防火工作。全国各地和北美国际间都签有资源共享协议。安大略省有 2 500 万加元的灭火设备（水泵、软管等），197 支初始攻击灭火队和 120 支后续灭火队，9 架 CL-415 洒水飞机，5 架双水獭灭火飞机，9 架直升机、11 架侦查机和 5 架空中指挥飞机，火灾高峰期间可动用 4 000 扑火人员和 200 架飞机。

全国 13 个林火管理单位都有消防中心和扑火基地组成的消防网络，消防中心负责计划和调度。扑火基地之间相距 150~200km，每个基地的辖区半径为 30~60min 的路程，洒水飞机到航空扑火基地通常有 300km，同一单位内的所有基地之间可以随时通过无线电和电话联系，偏远地区采用卫星电话联系。消防中心负责向扑火基地调派资源，各省级消防中心负责在省内各地间资源调拨并负责在全国范围内与其他省份进行资源共享。

加拿大的扑火行动特别注重初始攻击，初始攻击的标准是 96% 的成功率，火场面积小于 4hm^2。CL-415、CL-215 和其他灭火飞机在加拿大林火扑救中起着重要的作用。一般的扑火行动常常是地面灭火与空中灭火相结合，在火场附近没有水源时就喷洒阻燃剂，灭火飞机可以遏制火势的发展，有效配合地灭的灭火行动，减少火灾损失。

加拿大灭火飞机主要类型包括：洒水飞机 CL-215/415、阻火剂喷洒飞机（DC-6，S-2，802）、直升机（轻型，中型，重型）、监测飞机（小型单座）、空中指挥飞机（双座）。CL-215 是 20 世纪 60 年代加拿大加空公司开发的，是装有星形发动机和 5 337L 双门水箱系统的水陆两用灭火飞机。CL-215T 改装涡轮螺旋桨发动机，并进行了一些其他改进，目前有 17 架改型飞机在加拿大和西班牙服役。CL-415 采用涡轮螺旋桨发动机和 6 140L 大容量水箱系统的水陆两用灭火飞机，与 CL-215 相比，动力控制能力加强，载重量加大。CL-215/415 灭火飞机在世界范围内得到应用，至 1999 年加拿大、西班牙、希腊、法国、意大利、克罗地亚、南斯拉夫、委内瑞拉、美国和泰国等国家已订购了 181 架。

1.4.1.4 澳大利亚

澳大利亚拥有 1.56 亿英亩[①]森林，其中干性森林占 60%，森林火灾比较严重。1998/1999 年度森林防火投资 8 000 万澳元。澳大利亚有许多机构参与森林火灾的扑救工作，各州负责机构不尽相同，但主要是乡村消防局和其他类似的林火管理机构（Malcolm & Peter，2002）。这些机构的主要任务是扑救森林火灾，其他机构，如州火管理组织和城市消防局有时也参与森林消防工作。火管理组织是政府土地管理机构，有一个专门管理林火的分支机构。

澳大利亚的林火主要由当地志愿者组成的消防队扑救。志愿者由消防机构的雇员进行培训和协调。州政府负责消防机构的主要费用，但当地政府和社区也通常负担一部分。灭火方式以地灭灭火为主，航空灭火以直升机吊桶灭火为主。2001 年圣诞节澳大利亚新南威尔士州的森林大火扑救过程中，该州动员了 5 000 多名消防人员和约 1.5 万名志愿者，动用乡村消防局自己的飞机和海军直升机 46 架，并租用两架加拿大生产的"空中飞鹤"型灭火直升机。

---

① 1 英亩 = 4 046.8m^2。

1.4.1.5　希腊

1997 年以前希腊的森林防火由林务局负责。1998 年 5 月开始，消防局负责森林扑火和城市消防工作，但大多森林防火工作仍由林务局负责。1998 年，消防局对林火的控制完全失败，因为森林消防与城市消防有很大的不同。此后，消防局加强了森林防火的准备工作，加强了人员培训，制定了扑火预案，并购买了需要的设备，订购了 10 架 CL-415 洒水飞机和雇佣更多的私人飞机，同时也加强了森林火险预报工作。

国有飞机由希腊航空部队使用，包括 4 架新的 CL-415 洒水飞机，14 架旧的 CL-215 洒水飞机，20 架 PZLM-18 Dromader 飞机，6 架 Grumman 双翼飞机，2 架 C-130 运输机，两架带吊桶的军用 ChinookCH-47D 直升机。2000 年，国家飞行大队还租用 3 架 CL-215s 和 16架重型直升机（1 架 Ericsson Air-Crane，3 架 MI-26s，4 架 MI-8s，8 架 Camovs）（Gavriil，2000）。加强航空灭火的措施还包括：向加拿大 BOMBARDIER 公司订购 10 架新的加空水陆两用洒水飞机 CL-415，其中两架已于 1999 年火险期前交付使用；订购 4 架超重直升机用于森林防火，分别是 1 架 Ericsson 空中起重机（AIRCRANE），2 架 MI-26 和 1 架 Kamov。MI-26 可以运载 2 辆消防车及所需人员，这对爱琴海上几百个岛屿的保护是必不可少的；订购 2 架 CANADAIR CL-215 水陆两用洒水飞机和 1 架可以一次洒水 42t 的 Illyushin（IL76TD）飞机，以补充现有的 15 架 CANADAIR CL-215 的希腊航空扑火力量；利用希腊军队的 CHINOOK CH-47D 和 UH-1H "Huey" 直升机。

1.4.1.6　西班牙

西班牙是地中海地区森林火灾最为严重的国家，其火灾多发区主要分布在加利西亚和坎塔普利戈、地中海沿岸区和中部的一些林区，每年火烧面积约占森林总面积的 1%。航空消防在该国森林防火中占有重要地位。

1969 年，西班牙第一次使用波音斯蒂尔曼双翼飞机在德瓜达拉马山脉地区开展森林航空消防作业，波音斯蒂尔曼双翼飞机能装载 600L 化学灭火药剂，同年 8 月，该国还租用了加拿大的 CL-215 水陆两栖飞机部署在加利西亚地区。1970 年夏天，加拿大庞巴迪双水獭 CL-215 水陆两栖飞机在西班牙再次进行了试验，政府当即决定购买 2 架用于森林航空消防，并于 1971 年投入使用。20 世纪 70 年代，西班牙先后购买了 7 架双水獭 CL-215 水陆两栖飞机，农化飞机用于森林航空消防也在不断增加，如派珀波尼 PA-25（Piper Pawnee）、派珀波尼 PA-36（Piper Brave）、Trush Commander 等机型。20 世纪 80 年代，西班牙森林航空消防飞机数量越来越多，政府拥有的 CL-215S 水陆两栖飞机增加到 14 架。1984 年，直升机开始用于西班牙森林航空消防的机降灭火作业。1988 年，西班牙第一次在贝尔-212直升机上安装 1 300L 的机腹水箱进行灭火作业。1989 年，西班牙签署了由活塞式发动机提供动力的涡轮螺旋桨 CL-215TS 飞机取代所有原有 CL-215S 飞机的合同。20 世纪 90 年代初，由于各省（区）有责任和义务发展自己的森林航空消防，西班牙各省（区）纷纷开始建立森林航空消防单位，国家进一步加大大载量森林航空消防飞机的引进，广泛部署在西班牙重点林区，引进的主要机型都是东欧国家生产的飞机，如俄罗斯的 M-8、M-2 和卡莫夫直升机，还有波兰的 Sokol PZL 直升机。1992 年，西班牙组建了森林防火加强旅，M-8 直升机成为森林防火加强旅的空中主要运输工具。90 年代末，西班牙森林航空消防拥有 20架水陆两栖飞机，其中 CL-215T 有 15 架，CL-215 有 5 架。与此同时，很多其他类型的飞机开始逐渐被淘汰，西班牙森林航空消防不再使用这些机型，如美国的卡特琳娜（CAN-SOPBY）、画眉鸟指挥官（Thrush Commander）、格鲁曼（Grumman）等飞机（江西军，2012）。

2003 年夏季防火期，西班牙共有 206 架飞机参加森林航空消防，其中包括自己拥有的 48 架飞机，分别部署在国土范围内的 157 个森林航空消防基地。2010 年，西班牙共有 275 架飞机参加森林航空消防任务，其中国家飞机（环境与农村和海洋事务部）占 62 架，地方飞机占 213 架。共具备 53.92×10^4 L 的载液能力，其中国家飞机的载液能力为 20.45×10^4 L，地方飞机的载液能力为 33.47×10^4 L（江西军，2012）。

1.4.1.7　土耳其

土耳其土地面积有 770×10^8 hm^2，其中森林面积 207.5×10^8 hm^2，森林覆被率约 26%。有 1200×10^4 hm^2 的森林受火灾威胁（Bilgili *et al.*，2005）。林火管理由土耳其区域指导下的国有林企业具体负责（Ay，2011）。由于地理和气候相似，森林防火是所有地中海国家夏季林业部门的主要工作。2003—2007 年土耳其的森林火灾受害率只有 0.16%，和其他地中海国家（西班牙、希腊、意大利和法国）相比森林防火工作比较成功（OGM，2008）。土耳其的山区地形崎岖，对森林火灾的地面扑救常常很困难。在这种情况下，飞机和直升机对森林火灾扑救尤为重要。有时由于气象条件限制很难使用飞机或直升机，但航空消防非常重要，尤其初始扑救。

土耳其航空协会首次在 1985 年开展航空消防，在巡护飞机（1 Cessna）协助下，固定翼飞机（4 Dromader）洒水 800～1 000L 水。1996 年土耳其从加拿大 3 架水陆两栖飞机 CL-215 和 CL-415 用于航空消防，1997 年和 2007 年又分别租用了 2 架和 3 架 CL-215 型飞机。但 1998—2006 年没有租用，2009 年后又开始使用 CL-215 型飞机。

C-130，MI-18，CL-215，CL-415 机器是土耳其最喜欢用的飞机。CL-415 是最适合土耳其森林和地形条件的机型，但这种飞机很难租到（Ay，2011）。

1988 年，林业总局开始使用 3 架 Ecureuil（松鼠）和 3 架 Dauphin（海豚）直升机，用于林火探测与监视、人员和物资运输、航空摄影、运送伤员以及打击非法森林应用。1995 年土耳其从俄罗斯租用了 5 架 Mi-17 直升机，1997 年底，用 Dauphin 类型直升机更换 S-365Ecureuil。过去几年，AS-355 Ecureul，AS-365 Dauphin，Ka-27 Helix，Bell 212，Mi-8 是土耳其森林航空消防中优先采用的直升机类型（Ay，2010）。Mi-8 和 K-27 螺旋直升机适用于土耳其的地理条件。Mi-8 直升机通过网钩可以携带 2.5t 水，取水容易和机动灵活。Mi-8 提升高度达 1 000m，载重最大巡航速度 220 km/h，Mi-8 是扑救森林火灾非常有效的直升机，也适合土耳其的地形条件。

1.4.1.8　德国

德国采用的 C-160 型飞机是一种广泛使用的军用运输飞机，它具有极好的低空缓慢飞行性能。一架次可载水 12 000L，负载时航速为 385km/h，喷洒时为 450km/h。M-B-B 公司还为该飞机设计研制了一套专用灭火设备，设备全长 13.8m，由圆筒形的水箱（也可装灭火剂）和尾端管组成。水箱的容积是 12 000L，装在机舱前部，灭火时，用 4 个 TLE l6 型水槽将水装满，装满水的时间是 222s。全套设备借助于负载滑道和飞机上的绞盘，可在 20～30min 内安装固定好（田晓瑞 等，2004）。

1.4.1.9　法国

法国大多数灭火飞机属于州所有(内务部)，特别是在法国南部，可以租用直升机或者轻型飞机。洒水飞机包括 11 架 Canadair CL415，12 架 Ttackers CS2F，2 架大力神(Hercules)C130；2 架 Beech200 飞机用于调查；直升机 36 架，包括松鼠，云雀，EC145，IMig(租用)；当地租用的飞机有 Bell-412 和松鼠飞机(Peuch，2005)。

1.4.1.10　韩国

韩国多山，森林火灾易发生在山势险峻之处，火灾蔓延速度较快、火势较猛，加之山区道路狭窄难行，扑火力量很难及时到达火灾现场，给火灾扑救工作带来极大的困难。韩国森林火灾的扑救采用航空和地面相结合的方式。在航空扑救上，航空管理本部负责统一调度管理，当发生大规模的森林火灾时，经山林厅许可，航空管理本部启动火灾应急响应机制，派遣直升机进行森林火灾扑救工作。山林厅下设有防火航空管理所(包括 5 个分所和 2 个空中扑火队)，编制 200 人，韩国现共有专用防火直升机 47 架，主要用于洒水直接灭火和空中运人。除中央调配外，各省、市和道也相应建立了直升机应急响应预案，即可集结所有可用的民防力量来扑灭森林火灾，加上部队和警察的飞机，目前韩国每个防火期投入的飞机约 100 架左右。

1985—2012 年平均每年执行灭火的直升机数量从最初的 28 架次增加至 90 架次，直升机空中灭火率从 14% 提升至 90%(杨光 等，2013)。

1.4.2　国内森林航空消防发展历程

1952 年，东北、内蒙古林区航空护林基地的成立标志着我国森林航空消防的兴起。1952 年 4 月，我国在大、小兴安岭林区开始用飞机侦察森林火情火灾，并进行空中巡逻报警，基地设在黑龙江省嫩江飞机场。1960 年组建伞降灭火队，1962 年春跳伞灭火试验成功，1963 年正式开展伞降灭火。1965 年林业部购买了 7 架国产 Z-5 型直升机，直升机开始参与护林防火。投弹方式我国于 1960 年在海拉尔基地曾经做过几次试验，之后并未推广。1978 年开始组建森林警察空运专业扑火队。1980 年和 1982 年林业部又分别购买了美国产 Bell-212 型直升机 2 架，苏联产 M-8 型直升机 4 架，交民航部门管理，专门用于护林防火。

在 1987 年"5·6"大兴安岭特大森林火灾中，空军出动了大型运输机和直升机 53 架。据不完全统计，在整个扑火过程中共出动飞机 670 架次，飞行 940h，空运机降人员2 700多人次，运送扑火物资逾 160t，用 M-8 型直升机喷洒了化学灭火剂，并实施了人工降雨作业，在扑灭这场特大林火中起了重要作用。"5·6"大火以后，国家十分重视森林灭火飞机的研制工作。由陕西飞机制造公司用国产"运八"型运输机改装的森林灭火飞机可载 13t 化学灭火剂，灭火覆盖面积大，还可承担空降、空运、空投等任务，这种飞机对机场条件要求较低，可在土跑道、草地、雪地、砂砾地上起降。在海军和航空航天部的共同努力下，用国产"水轰五"水上飞机改装的大型水陆两栖森林灭火飞机已经在东北林区以水灭火尝试。1991 年，林业部用世行贷款从法国购买了 8 架"小松鼠"灭火专用直升机(李维长，1992)。

机降灭火于 1986 年在原思茅航站(2007 年更名为普洱站)经过试验取得成功，1987 年后，又在百色、保山等站实施成功。普洱站从 1993 年起开展了索降灭火试验。1994 年春航，索降灭火在普洱、百色等站应用到扑火实际工作中。2001 年后，各站开始利用滑降开展林火扑救工作。1995 年，西南航空护林总站在百色站实施吊桶灭火试验成功，1998 年又在保山站开展高海拔地区吊桶灭火试验取得成功，之后在西昌、丽江、普洱站进行推广。2007 年底开始，西南总站又与贵州双阳通用航空公司等部门共同研究利用固定翼飞机进行洒水灭火。2008 年春防，经过改装的 3 架 Y-12 飞机部署到了保山站和西昌站进行灭火作业（王文元，2008）。

大中型直升机的引进，快速提升航空灭火能力，提高航护效益。哈尔滨飞龙专业航空公司于 2007 年 8 月首先成功从俄罗斯引进了 M-26 大型直升机，采用先租赁后购买的方式，全年服务于东北、西南的森林航空消防工作。中信通用航空有限责任公司于 2008 年 11 月采用租赁方式从韩国引进两架 K-32 直升机，服务于西南森林航空消防工作。青岛直升机公司于 2009 年 6 月采用融资租赁方式又引进了一架 M-26 和两架 M-171 直升机。由于 M-26 和 K-32 这两种机型载重量大，高原飞行性能好，扑火效果明显，刷新和创下了多项新纪录，大大提升了森林航空消防能力。特别是 K-32 直升机，为双发共轴式反转旋翼直升机，安全性能高，在高山峡谷中取水和洒水，机体非常灵活，灭火效果明显，非常适用于高海拔林区吊桶洒水灭火（陈宏刚，吴卫红，2007）。

目前，我国已建有两个森林航空消防机构，分别为东北航空护林中心和西南航空护林总站，东北林区已建成 16 个航空护林站（点），其中，林业自建可供固定翼飞机起降的航站 7 个、直升机航站 4 个，利用民航、通航公司和军航机场的航空护林站 5 个；西南林区已建成 6 个航空护林站，并以流动航站形式设立了 8 个航空护林基地，全部依托民航和军航机场。2007 年，国家批准了北京、陕西、江西、湖北、河南等 5 个省组建航站，其中北京、江西、河南已于当年开航。2010 年，根据国家森林防火指挥部出台的《森林航空消防管理暂行规定》，全国森林航空消防形成了以黄河为界的北方和南方两大体系，其中东航中心负责管理黄河以北的北京、天津、河北、山西、内蒙古、辽宁、吉林、黑龙江、陕西、甘肃、青海、宁夏、新疆 13 省（自治区、直辖市）的森林航空消防工作；西航总站负责管理黄河以南的云南、四川、重庆、贵州、西藏、广西、广东、江西、河南、湖北、湖南、上海、江苏、浙江、安徽、福建、山东、海南 18 省（自治区、直辖市）的森林航空消防工作。据统计，目前全国森林航空消防共设置航线 206 条，航线总长度 94 500km，航护面积约 $230 \times 10^4 km^2$（其中北方 $59 \times 10^4 km^2$，南方 $171 \times 10^4 km^2$），约占总面积 24%（杨林，2012）。

东北森林航空消防系统始建于 1952 年，东北森林航空消防经多年发展，航空消防护林从单一的空降、机降人工灭火发展到利用索降、吊桶、吊囊灭火，继而发展到实施飞机喷洒化学药剂的航空化学灭火，有效地提高了空中防扑火能力（黄志军，2011）。航空护林站由最初的两个基地发展到 10 多个；人员由 10 多人发展到 300 多人；飞机由最初的 3 架发展到现在每年春夏秋三航租用飞机 100 多架（李世奇，2009）。为确保森林航空消防事业的正常开展，接收了林业自建机场航行保障系统，增强了森林火灾预防和扑救的自主性，提高了扑火效率。经民航总局批准，成立了东北航空护林飞行总调度室，这是民航系统以外的第一家直接管制和指挥飞机的单位。更新了各航站调度指挥设备，保证场站建设的均衡发展。组建固定翼航空化学灭火机群，有效地保护了大、小兴安岭林区和内蒙古红花尔基沙地樟子松母树林。实现了赴火场第一工作组装备现代化，充分发挥其在防扑火中的重要作用。针对大兴安岭北部林区频发的夏季森林火灾特点，开展了夏季航空护林。建立气象保障体系确保安全飞行，承担了东航系统各航站的气象保障任务。组建移动航站实现靠前指挥，发挥了航空护林现代化手段的优势。

南方航空护林总站始建于1961年，1972年由于"文革"的原因被下放、撤销，1979年得以恢复，1985年重新收归林业部直属管理（郝佩和，2011）。1995年原林业部在总站成立了西南森林防火协调中心，1997年成立了西南卫星林火监测分中心，2000年国家林业局又在总站成立了西南森林防火物资储备中心，2012年10月，更名为国家林业局南方航空护林总站，并建立了"南方森林航空消防训练基地"（杨林，2014）。作为国家森林防火指挥部、国家林业局对我国南方地区森林防火工作实施监督、检查、协调、服务力量的延伸机构，南方总站主要履行着森林航空消防、森林防火协调、卫星林火监测、森林防火物资储备等4项职能。2013年，在云南的普洱、保山、丽江，四川的成都、西昌，广西的百色分别建有6个直属南方总站的航空护林站；在江西、河南、广东、重庆、山东、湖南、湖北分别建有7个省属的航空护林站。到2013年，已有云南、四川、广西、贵州、江西、河南、广东、重庆、山东等9个省（自治区、直辖市）开展了森林航空消防工作（史永林，吴卫红，2013）。2010年，国家森林防火指挥部、国家林业局印发《森林航空消防管理办法（试行）》，明确西南航空护林总站负责上海、江苏、浙江、安徽、福建、江西、山东、河南、湖北、湖南、广东、广西、海南、重庆、四川、贵州、云南、西藏等18个省（自治区、直辖市）的森林航空消防工作。目前南方已开展森林航空消防业务的有云南、四川、贵州、广西、江西、河南、广东、山东、重庆、湖南等10个省（自治区、直辖市），航护总面积达$204×10^4km^2$，约占我国陆地国土总面积的21.3%。南方总站下设6个直属航空护林站、7个省属航空护林站、12个季节性航空护林基地。目前，南方开展森林航空消防的主要技术手段有：空中巡逻报警、火场侦察、空中扑火指挥、机降灭火、索降灭火、滑降灭火、吊桶灭火、机腹洒水灭火、空投空运、防火宣传和火场急救等多种形式。使用的直升机机型主要有M-26、M-171、K-32和EC-135等，固定翼机型主要有Y-12、C-172R、C-208B和CY-3等。目前，每年租用飞机32架次左右，飞行逾3 000h，航护面积达$204.51×10^4km^2$，占南方国土总面积的48.96%，占我国国土总面积的21.3%。据不完全统计，自1986年至2013年春航，南方森林航空消防总计作业飞行28 365h，空中发现和参与处置林火3 600起，实施航空直接灭火1 025个火场，其中机降5 415人次，索（滑）降182人次，吊桶洒水9 042桶，空运物资10.56t，结合巡护空投森林防火宣传单1 434万份；代表国家森林防火指挥部协调处置重特大森林火灾50余起；向有关省（自治区、直辖市）调拨各类森林防火物资7.5万台（套）；监测并发布卫星图像2.2万余幅，标定和处理2个以上像素卫星热点10.8万余个，为保护南方地区的森林资源做出了积极贡献。

航护手段除初期的空中巡逻报警外，发展到机（索、滑）降灭火、吊桶灭火、机腹洒水灭火、空中指挥灭火、火场急救、火场服务（空投空运）、防火宣传等多种形式，为保护森林资源和生态环境建设作出了重大贡献。经过50余年的发展，南方航空护林已经取得了长足的进步。自1985年恢复建站以来，南方总站按森林航空消防"一流的管理、一流的装备、一流的科技水平、一流的业务素质"的建设目标，不断提高南方航空护林的技术水平，不断总结航空护林经验，增添了大量森林航空护林的先进设施及设备，已初步形成功能齐全、分工明确、关系协调、运转正常的森林航空消防管理体系。业务范围由西南地区扩展至南方地区，航空护林由季节性航护向全年航护转变，从巡护报警向直接灭火转变，航护保障由机场保障向移动保障转变，航空护林重要作用日益突显，由尖兵向突击队或主力军转变，队伍的规模不断扩大、效益不断提高。

随着森林航空消防事业的不断发展，航护手段已由初期单一的空中巡护发展到目前的巡护、火场侦察、机(索、滑)降灭火、吊桶(囊)灭火、机群化灭、空中指挥扑火、防火宣传、火场急救等多种形式，航护调度、指挥能力得到很大提高，场站基础建设初具规模，已初步形成功能齐全、分工明确、合作协调、运转正常的森林航空消防管理体系，成为活跃在北方和南方林区的一支重要森林消防应急救援力量。

我国航空消防的发展历程，大体上可分为4个时期(杨林，2012)。

①以林火监测为重点、以固定翼飞机巡护为主的初航时期。这一时期，由于各省(自治区)森林防火设施落后，林火监测和信息传递十分困难，飞机在监测初发火情方面发挥了重要作用。

②航空直接灭火的转型时期。1987年"5·6"大火之后，国家对森林防火高度重视，加大了防火设施和通信设备建设，地面瞭望台的覆盖面逐步扩大，信息传递手段得到了加强。在这种情况下，森林航空消防的重点逐步由单纯的空中巡护转向利用飞机机降、索降、喷洒化学药剂等直接灭火。

③航空直接灭火的实施时期。为了更充分发挥飞机直接灭火的作用，经航空护林站技术人员的努力，各类吊桶灭火试验相继得以成功并逐渐推广，森林航空消防步入了机降、索降、吊桶洒水、机群化灭等直接灭火的实施时期。

④与新技术配合发展时期。随着卫星林火监测和空地信息传输系统的应用，基本解决了边远地区卫星监测热点核实难和指挥员对火场态势不掌握的问题。目前，森林航空消防和卫星林火监测密切配合，根据卫星监测提供的林火信息，对飞机进行合理调配，不仅使航护飞行在预防和扑救森林火灾中减少了盲目性，降低了成本，而且航护效益和扑火指挥的科学性有了显著提高，进而使森林航空消防事业进入了一个新的发展时期。

经过50多年的发展，我国的森林航空消防地位越来越高，作用越来越大。森林航空消防队伍在森林防火事业中的尖兵作用发挥得越来越好，森林航空消防的地位和作用已得到社会的广泛认可。在森林火情的监测中，在边境以及山高坡陡、交通不便、人烟稀少的森林火灾扑救中，在重大火灾的火场侦察和调度指挥中，在偏远林区卫星热点的核实和火场调查中，在突发森林火灾和紧急情况的处置中，发挥了其他手段无可替代的重要作用。

当前我国森林航空消防还存在着一些问题，森林航空消防力量还不能满足森林防火任务的需求，我国的航空消防管理还处在较低层次和水平，日益繁重的森林防火任务与森林航空消防力量弱之间的矛盾越来越突出(杨林，2012)。消防飞机的性能不能满足地形复杂区域的飞行条件，特别是西南高山峡谷地区，地形复杂，气候多变，迫切需要发展直升机载水灭火等方式提高扑火效率。由于缺少适应高原、山区等特殊地理环境作业的大、中直升机，并受飞机性能的限制，南方的森林航空消防工作只能在条件较好的地区发挥效益，对一些高山峡谷林区实施航空直接灭火还存在困难。空域管理限制和机场保障能力弱限制了飞机的机动灵活性。航护飞行任务申请程序繁琐、复杂，空管区域交叉，影响消防飞行。今后需要进一步完善相关政策、法规，增加资金投入和加强人才队伍建设（杨林，2014）。

1.4.3　森林航空消防技术发展趋势

随着社会对环境的重视程度不断提高，要求对森林火灾的控制能力加强。航空消防能力的提高，需要发展专业飞机和大型飞机实现对森林大火的控制能力。当前，俄罗斯森林航空卫队每年有 240 架各种型号的飞机，用于森林火灾的扑救；加拿大在每年防火期内，用于森林防火的飞机超过 1 000 架；美国农业部拥有 146 架各种专用防火、灭火飞机，包括各种大型直升机和固定翼飞机；韩国的森林防火部门也配备了 40 多架专用的灭火飞机（周宇飞 等，2013）。专用灭火飞机的大量使用使这些国家拥有了很强的森林火灾扑救能力。目前世界主要用于灭火的固定翼飞机包括加拿大 CL-215 和 CL-415、美国 C-130、德国 C-160 及俄罗斯 BE-200 水陆两用机等，直升机则包括澳大利亚 S-64F、美国 FireHawk、日本 AS332、俄罗斯 M-26 及法国的松鼠直升机等。CL-215 和 CL-415 是加拿大生产的专用于森林消防的水陆两栖飞机（周宇飞 等，2013）。俄罗斯 M-26 直升机具有超常的载重和输送能力，因此在其基础上改装的灭火直升机能够载运大量水或化学灭火剂进行空对地强力灭火，也可将大量消防队员及装备器材空运到交通不便的地区执行任务（安庆新，王兵，2003）。S-64F 直升机由澳大利亚伊利克森公司制造，它配备了一种机载灭火系统，是澳大利亚森林防火的重要力量；当直升机在空中飞行时，可以喷射出不同浓度、不同覆盖面积的灭火剂；S-64F 直升机每小时可以投放 11 400 L 水或灭火剂；根据设计，当直升机以 60km/h 左右的速度飞越水面时，就能够吸起海水或清水进行充注；另外，S-64F 直升机也可以采用吊桶的方式进行灭火作业（任海 等，2005）。近年来，美国俄勒冈州常青藤国际航空公司将波音 747 飞机改装成专门用于森林火灾扑救的灭火飞机，该种飞机可以一次携带水 60~75t。在美国和以色列森林火灾扑救中效果显著（张临萍 等，2011）。

近年来，无人机技术得到迅速发展，无人机也越来越多地用于林火探测和火灾评估，并且展现出广阔的应用前景。适用于林火探测的无人机应具有较高的承受能力。因此，固定翼无人机更适用于林火探测。此外，垂直起降的无人机可以悬停在所需的位置，可以用来获得火场的详细图像，无人机还可以自动获取火线的地理位置并发送到消防管理控制中心。复杂的单架无人机已在美国和欧洲的森林火灾扑救得到部分应用（Ollero *et al.*，2006）。高分辨率的无人机航测技术可以为准确的火场评估提供必要的数据信息。飞艇用来监控或作为通信中继，低空飞艇应用中遇到的主要问题是他们所能承受的最大风速。

思考题

1. 森林航空消防的任务是什么？
2. 森林航空消防的研究对象有哪些？
3. 森林航空消防有哪些作用？

4. 森林航空消防技术主要包括哪些研究内容?

5. 森林航空飞机包括哪些类型?

6. 简述国内森林航空消防的发展历程。

7. 森林航空消防技术的发展趋势是什么?

本章推荐阅读书目

1. 刘克韧, 刘鸿诺主编. 森林航空消防[M]. 东北林业大学出版社, 2009.

2. Yanushevsky R. Guidance of unmanned aerial vehicles[M]. Boca Raton, FL: CRC Press, 2011.

3. Goodson C, Adams B. Fundamentals of wildland fire fighting[M]. Fire Protection Publ. , 1998.

第2章

航空巡护

航空巡护是航空护林的重要组成部分。航空巡护就是利用飞机沿一定的航线在林区上空巡逻，观测火情并及时报告基地及防火指挥部。在人烟稀少、交通不便的偏远林区，采用航空巡护。航空巡护包括航线的设计、航线的划定、航护机型、巡护面积、巡护技术、林火种类空中判断、火场发展判断等。

2.1　航线的设计

航线，即航空器预定的飞行路线。由航线起点、终点和若干个转弯点及高度、长度等要素构成。航空护林航线，是指执行航空护林任务的飞机在一定区域的林区上空预定的飞行路线。它一般是以航空护林站为起点和终点，以该航站巡护区内若干山峰、河流、村镇等明显地物标为转弯点，并规定了最低飞行高度的闭合曲线。

2.1.1　航线的性质及分类

航线的性质，就是执行巡护、机降灭火、火情侦察、空投等航空护林任务的飞机为完成某项任务而预先设计的飞行路线。根据所执行的任务，可以将航线分为两大类，即固定航线和临时航线。

2.1.1.1　固定航线

固定航线是航空护林的主要航线。由航站根据其巡护区内森林分布、火源分布、飞机性能等因子，在每个航期开始前设计好的，以航站为起点和终点的闭合曲线。在一个航期内要重复使用多次，主要用于巡护探火飞行。

2.1.1.2　临时航线

临时航线为完成某一特定任务而临时设计的飞行路线。它一般以航站为起点和终点，以由经纬度所确定的目的地为转弯点连接而成的一条直线。在开展航空直接灭火时，就是以航站为起点和终点，以火场为转弯点的一条直线。临时航线还包括直升机以本场为中心，半经50km的升高瞭望飞行路线。

2.1.1.3 常见航线

（1）锐角航线

以航站为起点和终点，由若干转弯点构成，其中某一个或数个转弯的航线的夹角为锐角。该航线特点是可以照顾到特殊的巡护区域，但由于锐角航线有视野重叠的缺点，现一般不使用。

（2）多角圆形航线

以航站为中心，由四周大约等距的若干转弯点构成，近似圆形，这种航线的优点是使用方便，组织飞行灵活机动，巡护面积大，效果好，适用性强。

（3）"8"字形航线

以航站为中心，以两侧各两个转弯点构成形似"8"字的航线。特点是航线长，用于巡护飞机较少，巡护区形状特殊的的航站。

（4）回旋多边多角航线

以航站为起点和终点，由若干转弯点经有规律旋转构成。其特点是密度较大，在特定区域上空监测时间长，特别适用于块状的重点林区，重点火灾区和火灾多发区。

（5）环式航线

以航站为起点和终点，由若干对称的转弯点构成。其特点同回旋多边多角航线相同，密度较大，适用于大面积条状的重点林区，重点火灾区和火灾多发区。

2.1.2 航线设计应注意的问题

（1）全面性、统一性设计一个航站的航线

必须将该站的巡护区内的森林分布、火源分布、飞机配备等因子综合起来，全面考虑。要按照保证重点、兼顾一般的原则，设计出适宜的大航线；也要设计好灵活机动适用于直升机的小航线，以取得最佳效益。

（2）航线的长度设计

要结合本巡护区的特点，根据所配备的飞机制定。一般固定翼飞机巡护航线应在450km以内，即巡护时间在3h以内。直升机巡护航线长度应在300km以内，即巡护时间在2h以内。

（3）航线的高度根据

中国民用航空总局规则规定，在山区进行专业作业飞行的飞机，其最低飞行高度为航线两侧各20km内最高点的高程加600m，根据航空护林的特点，其最高飞行高度应在3 000m以下。

（4）航线的角度设计

航线应尽量避免出现过小的角度，以防止因可见范围重叠而造成浪费。

（5）距国境线距离设计

要注意航线距国境线的最近点之间的直线距离，根据国家有关规定，其最近距离不应小于 10km，这样做的目的是尽可能的减少邻国的直接误会和摩擦。

2.2 航线的划定和巡护面积

划定巡护航线应按照以林为主，照顾全面，打破行政界线，保证重点林区，减少或消灭空白区域的原则进行。

①根据火灾发生图与火险等级地段分布图，尽可能使航线通过火灾危险性地段。

②保证全面观察巡护地区，避免过多与邻近航线的视野重复。

③航线距离应考虑飞机性能(除飞行备用时间外还应留出 20% 的飞行时间作为离开航线观察火情)，适当确定。

在航空护林中，要根据林区火情实际情况来设计航空护林航线，只有这样，才能制定出最佳航空护林航线。

巡护面积的大小，主要取决于航线的长度、形状和飞行高度及能见度。而对某一地点巡护时间的长短，则主要取决于飞机的巡航速度和能见度。在一定飞行高度范围内，飞行高度(D)与水平能见距离(H)的关系为：

$$D = 2\sqrt{h}$$

也可按表 2-1 的标准计算。

表 2-1 飞行高度与水平能见距离关系

飞行高度(m)	500	1 000	1 500	2 000
水平能见距离(km)	25	37	48	60

圆形航线最为有利，可按以下公式计算：

$$P = 2WTRC$$

式中，P 为巡护面积(km)^2；W 为飞行速度(km/h)；T 为沿航线飞行所需总的时间(h)；R 为可见半经(km)；C 为消耗飞行时间系数。

系数 C 应根据巡护区内森林易燃性而定。一般情况下，火灾危险性最大地区为 0.5；火灾危险性中等的地区为 0.6；火灾危险性较小的地区为 0.7。

2.3 航护机型

航护机型很重要，机型大小不同，其载重量不同，可执行不同任务，机型较小，主要用于空中观察瞭望、火情信息传输和指挥扑火等任务，较大的机型除上述任务外，还可实施载液灭火；机型飞行速度不同，关系到单位时间内巡护面积大小不同等。飞机航护的优点：①能及时发现和确定林火的位置、范围、火势，并能承担灭火指挥任务；②可迅速飞临火场实施灭火或空投森林消防队员和物资，并可多次往返于火场与基地(或水源)间实施连续灭火；③飞机从空中喷洒化学灭火剂和水，如同人工降雨，可有效地扑灭大面积的火灾，尤其对扑灭初期林火有显著效果，如一架载重 4 500L 灭火剂的直升机在低速飞行喷洒时，喷洒覆盖面积可达 2 500m² 以上，这是其他任何消防工具所不及的；④不受地面交通的限制，地面消防员、车辆和器材往往因交通限制而无法抵达发生于深山峡谷中的火场，飞机则可在空中任意往返而不受制于周围环境。

2.3.1　国外航护机型

世界各国用于护林灭火的机型很多，按用途可分为巡逻指挥机、专用灭火机、救援运输机等几类；按性能可分为固定翼飞机、直升机和水陆两栖飞机。巡逻指挥机，因不需要大的业务载荷，一般多选用机动灵便的轻型飞机；专用灭火机和救援运输机，要适应重载要求，多选用中型或大型的飞机和直升机。

美国是最早开展农业航空的国家。早在 1915 年就开始用军用飞机监视林火，1919 年试用飞机喷洒化学药剂灭火获得成功，1935 年飞机已投入了森林灭火，1947 年开始将直升机用于护林防火，并从 1964 年起在护林飞机上安装红外线扫描仪。美国用于护林防火灭火的飞机种类繁多，到 1987 年，美国林务局防火中心已拥有 250 架护林防火灭火飞机，其中大型喷水飞机 30 余架，直升机 100 余架和其他固定翼飞机。航空护林基地遍布全国各州，每年用于森林灭火的飞机多达 1 000 架次，飞行 10×10^4 h 以上，担负着全国 95% 以上的护林任务。

加拿大安大略省早在 1924 年就开始用小型水上飞机护林防火。加拿大的各类型灭火飞机有 30 多种，其中闻名遐尔的就是 CL-215 水陆两栖飞机。这种森林灭火专用飞机用活塞式发动机作动力，每台功率为 2 100 马力；机身采用全金属船身式结构，以适于在水面起降，机内有 2 个总容量 5 346L 的大型水箱。水箱下各有一个水门和可伸缩的探管，当飞机以掠水方式吸水时，10s 就能吸满两个水箱，水上吸水距离只需 564m，吸水清跑时地最小安全深度为 1.4m，安全停车吸水要 1.8m，CL-215 型飞机在机场补水则需 25min。该机的灭火能力很强，同时打开水箱的喷洒门可形成 85m × 25m 的椭圆形喷洒面积，依次打开可形成 140m × 12m 的矩形喷洒面积，洒水密度为 $1L/m^2$，喷洒时间仅为 0.7～1s。由于加拿大各地的天然水体很多，因此，主要是利用飞机洒水灭火。全国每年用于森林探火和灭火的飞机达 1 万余架次，每年仅在防火季节就要飞行上万小时。全国任何地区发生林火，灭火飞机均可以在 45min 内到达火场。加拿大基本上已由飞机巡逻代替瞭望台监测林火，并从美国购买了 3 架装有红外扫描仪的林火监测专用飞机。

苏联的航空护林工作始于 1931 年，20 世纪 40 年代开始用飞机侦察火情和扑救林火，并相继开展了空降跳伞灭火。20 世纪 70 年代初开始实施直升机悬挂吊桶灭火。90 年代末，全国的航空护林面积近 $9 \times 10^8 hm^2$，约占全国森林总面积的 75%。拥有各类飞机 800 多架。用于森林灭火的机型有 100 多种，其中自行研制的安-2 型水陆两栖飞机装有特别的深筒，可载水 1 000kg。M-8 型直升机是前苏联森林灭火的主要机型，具有载重量大、机动性能好和多用途特点。前苏联还研制了一种载水量为 30t 的大型灭火专用飞机。

地中海沿岸许多国家都拥有强大的森林灭火机群，多数为水陆两栖飞机和直升机。该地区每年森林防火季节出动 300 架飞机。直升机则在森林灭火中占有极重要的地位。

澳大利亚紧急服务国民公司在东部海岸设有一系列航空护林基地，配备有固定翼和直升机，所有的飞机都装配了热红外多光谱扫描仪，且飞机的水箱都要求注入化学泡沫阻燃剂，使灭火效率大大提高。澳大利亚的护林防火经费约占全部林业经费的 10%~20%。

波兰在其高火险地区建立了 7 个航空灭火基地，每个基地配了 1 架巡逻飞机和 3 架灭火机，每年飞行逾 8 000h，保护森林面积 $50 \times 10^4 hm^2$。

美国、前苏联、加拿大、前联邦法国、日本等国家广泛采用直升机外悬挂水箱的方法扑灭林火，这种外挂式水箱一般用玻璃纤维合成树脂、尼龙或聚基酸酯制造，既轻便，又可扩叠，其容量根据直升机的悬挂能力分为 250~5 000L 不等。悬挂式水箱具有结构简单、使用方便、价格便宜、效率较高的特点。这种水箱可直接用于任何一种直升机而无需改造或增加设备。水箱的喷洒口可用电控制，也可采用液压或气压控制，根据火势状况，可以将水箱倾翻过来一次将水倒尽，也可控制喷洒量。还可以通过水龙头把水输入地面的水箱中，再用小水泵给火线消防队员供水。如遇特殊情况，直升机可将重型扑火设备（推土机、消防车等）吊运到不易通行的火险附近进行扑火。一些国家已用直升机取代小型固定翼飞机扑灭林火。

世界上一些国家利用水陆两栖飞机扑救林火取得较好的效果。这种飞机不仅装载量大，而且实施喷洒——涉水——喷洒循环作业的时间较短。它可在火场附近天然的或人工的水体表面降落，只需要在水面上滑行一段距离，用大约几秒至几十妙的时间即可将机上的水箱装满，同时，也可飞回机场装水或化学药剂。目前，用水陆两栖飞机扑灭林火的国家已有 20 多个。据统计，国际上专门用于护林防火的不同机型的水陆两栖飞机总数已达150 多架。

2.3.2　国内航护机型

成立于 1952 年的东北、内蒙古航空护林基地，标志着我国航空护林事业的兴起。从1962 年起组建空降跳伞灭火大队，1964 年林业部购买了 2 架 Z-5 型飞机，1965 年购买了 7架国产 Z-5 型直升机，1976 年购买了 M-8 直升机，1978 年开始组建森林警察部队，对扑救偏远林区火灾的作用越来越明显。1979 年林业部进口护林防火专用直升机 2 架，1980年和 1982 年林业部又分别购买了美国产 Bell-212 型直升机 2 架，苏联产 M-8 型直升机 4架，交民航部门管理，专门用于护林防火。1986 年，中国飞龙从哈飞公司租用一架 Z-9 直升机赴西南执行春季航空护林机降灭火试验任务，首次进入航空护林市场。1990 年林业部利用世界银行贷款购买了 8 架 AS-350 小型直升机和 2 架 Z-9 型直升机，委托中国飞龙专业航空公司执管，用于森林航空消防。2007 年 9 月，国家林业局和中国飞龙通用航空有限公司合作共同引进俄罗斯 M-26TC 大型直升机，2009 年，国家林业局和青岛直升机航空有限公司合作又新引进国内第 2 架 M-26 大型直升机和 2 架 M-171 直升机。2010 年，国家林业局和中国飞龙通用航空有限公司合作引进了第 3 架 M-26 直升机，执行东北、西南林区的森林航空消防任务。M-26TC 直升机的成功引进，大幅提升了我国森林火灾的空中扑救能力。

北方森林航空消防系统目前使用的固定翼飞机主要机型：AT802F、S2R-H80、LE-500、Y-5、Y-12。直升机主要机型：M-26TC、K-32、M-171、M-8、Z-8、Z-9、S-76、AS-350、Bell-212、Bell-407、EC-135、EC-155 等。

南方航空护林总站使用的固定翼飞机主要机型：Y-5、Y-7、Y-12、C-172R、C-208B、CY-3 等。直升机主要机型：Z-9、Bell-206、Bell-212、Bell-214、TH-28、M-26TC、M-171、M-8、K-32、AS-332、AS-350B3、SA-365N、EC-135、A-119、S-70、S-269D、BO-105、EC-155 等。

2.3.3　主要飞机性能和特点

M-26TC 称"巨无霸"直升机，M-8、M-171 一次吊桶洒水 1.5t，使用 M-26TC，可一次吊桶洒水 15t，是过去的 10 倍。

直升机主要用于航空直接灭火、运送扑火物资、应急救援、指挥扑火等。固定翼飞机主要用于巡护、火场侦察、载液灭火等。Y-12 飞机为国产飞机，其性能相对过去使用的 Y-5 飞机要好，基本能满足在南方林区巡护和火场侦察的需要。而 M-26、K-32、M-171 直升机是俄罗斯生产，性能较过去常用的 M-8 直升机要好，能满足南方林区吊桶灭火的需要，但在南方高海拔林区，飞机性能会大大下降，也会影响飞行安全。

K-32A 型直升机实用升限、巡航速度、最大有效载荷与 M-171 旗鼓相当，又略高于 M-8 飞机，仅在火场载人运输中略逊色于 M-171 和 M-8。由于 M-8 飞机设计缘故，其在海拔 2 000 m 以上不能进行吊桶灭火作业，存在安全隐患。M-171 是 M-8 飞机的改进型，属于高原型直升机，通过灭火实战可以在 3 200 m 以下进行吊桶作业，但因其机源紧张，载水量小，且老化严重，因此，可以用 K-32A 型直升机进行补充和替代。

K-32A 型直升机，发动机马力、最大航程、载水量、洒水水带面积、单位面积受水量要高于 M-171、M-8。特别是载水量和洒水带面积达到了 M-171 直升机的 2 倍，在飞机有效航程范围内，增加飞机打水次数，单位时间内增加了洒向火场的总水量和增大了洒水面积，这对西南高山林区初发火的扑救最为有效。

K-32A 型直升机采用机腹式取水，对水深无特殊要求，只要取水管在水面下即可，因此在现有直升机吊桶取水点完全可以作业，且 K-32A 型直升机最低起降场地的数据是和 M-171、M-8 飞机一样，在现有直升机野外起降场地上也是完全可以作业，这就避免了再次进行水源取水点地面调查和直升机野外起降场地的扩建或者重建，节约了森林航空消防专项资金，提高了森林航空消防航护效益。

K-32A 型直升机，从飞行费用上看，以 M-8 价格为基数 1，虽然 K-32A 型直升机是 M-8 的 3.5 倍，是 M-171 的 2.2 倍，但 K-32A 最大航程、载水量、洒水水带面积、要高于 M-171 直升机 1 倍，高于 M-8 直升机 1.5 倍左右。

固定翼飞机灭火的优点：目前，我国森林航空消防使用的固定翼飞机主要用于喷洒化学灭火剂灭火，其最大载重量为 3.2t。其优点是灭火成本低。如 AT-802F 型（空中拖拉机）固定翼飞机飞行费为 0.85 万元/h。其不足之处是需要跑道起降，必须返回基地加注化学灭火剂，喷洒准确性难以把握。目前世界上最大的灭火飞机可装载 13.6t 水或化学灭火剂。

直升机灭火的特点是：机动灵活，能在野外落地，将扑火人员送到火线附近。可在火场附近就近取水，不用返回基地加注水或化学灭火剂，能悬停将水或化学灭火剂洒向火头、火点；不仅能实施机降灭火，如不适宜机降时，可利用直升机上的下降装置和绳梯将灭火队员从 50m 的高空送到火场附近的地面；可吊运较大型的灭火机械等。不足之处是飞行成本高。如 M-171 型直升机吊桶载重为 2.5t，飞行费为 2.5 万元/h。

2.3.4 无人飞机

森林航空消防无人机的应用前景广阔，重点解决以下两个方面的问题：一是有人飞机飞行条件无法满足时，用无人机进行火灾监测，火灾视频、图像传输等。如，日落后至日出前这段时间有人机无法飞行时的森林火灾监测；能见度低或火场附近烟雾大有人机无法飞行时的森林火灾监测。二是在无人机空中巡护、监测功能达到有人机的功能且飞行成本低于有人机飞行成本时，可以替代有人机执行部分森林航空消防任务。无人机作为现有林业监测手段的有力补充，无人机显示出其他手段无法比拟的优越性，在森林火灾的监测、预防、扑救、灾后评估等方面必将得到广泛的应用。

2.4 飞行观察员的主要工作职责和准备工作

2.4.1 飞行观察员的主要工作职责

①熟知国家和省森林防火有关政策、法规、指示要求和森林航空消防预案、租机合同条款，以及全省森林资源和主要林区水资源、高大障碍物分布情况。

②了解所飞机型的飞行性能，熟悉航空护林作业程序、操作规程、空中领航方法和安全规定，熟练掌握飞机灭火技术。

③参加巡护飞行，发现火情准确判断、定位和拍摄，并迅速向基地指挥调度室报告和传输火场情况。

④参加机降、索降和桶灭火飞行，掌握机、索降和吊桶灭火条件，确保完成任务和保证安全。

⑤及时填写《飞行任务书》《火场观察报告单》《飞机灭火报告单》，总结上报灭火飞行简报。

⑥完成领导交办的其他工作。

2.4.2 航空护林实施前的准备工作

(1)制订年度航空护林工作计划

计划内容主要包括：开展航空护林的基地，开始和结束的时间，租用飞机的机型及数量，计划飞行时间，预计投入的护林经费，主要工作及对策措施等。

(2)选定或优化护林飞行航线，并制作航线示意图

航线选择应充分考虑以下因素：

①上级对航空护林工作的指示要求；②全省森林资源分布情况；③需重点保护的重要、敏感区域；④护林飞机的性能；⑤飞行管制区域设置及军、民航活动情况。

(3)联系落实森林航空消防飞机，签定租机合同

租机合同的内容包括：①机型、数量、飞机质量与飞行技术要求；②飞行任务与飞行

范围；③租赁期间（航期）的飞行管理与调度指挥；④租赁期限与计划时间；⑤计费办法；⑥违约责任；⑦免责条件；⑧其他约定事项；⑨争议解决方式；⑩联系方式；⑪生效日期等。

（4）走访省内军、民航有关单位，协调护林飞行有关事宜

协调的方法和内容是：召开座谈会，向军、民航有关单位和领导通报本航站年度护林工作任务和计划安排，协调机场使用、航线选择、护林飞行保障等问题。

（5）进行必要的物质、器材和资料准备

准备的内容包括：①灭火吊桶；②飞行地图；③GPS 导航设备；④数码相机和摄像机；⑤无线对讲机；⑥全省森林资源分布资料；⑦全省各主要林区水资源分布资料；⑧指挥调度和护林飞行所需的飞行任务书、各种报告单和各种图、板、表和登记本（簿）；⑨办公所需的电脑和各种用品、用具等。

（6）组织召开航空护林飞行航中管制保障协调会议，并签定会议纪要

具体明确：①护林飞行的组织指挥；②护林作业的起止时间；③护林使用的机场、机型、机号；④护林飞行的航线及高度；⑤护林飞行计划的申请及通报；⑥护林飞行中的指挥调配分工；⑦通信使用规定；⑧飞行安全规定等。

2.4.3 航空护林实施中的主要工作

（1）制订周巡护飞行计划

计划内容主要包括：飞行日期，出动机型，飞行的起始与结束时间，巡护航线等。

（2）向飞行管制部门申报飞行计划

①巡护飞行计划申报　由护林机组按照航局周巡护飞行计划，于飞行前一天 15 时前向所在机场空中管制部门提出。

巡护飞行计划申报内容包括：飞行单位、机型、飞行航线、飞行高度、飞行起止时间等。

②紧急灭火飞行申报　由航站值班飞行调度员在接到上级灭火命令后，通知机组向所在机场空中管制部门临时紧急提出。

紧急灭火飞行计划申报内容包括：飞行单位、机型、火场的具体位置（经纬度）、飞行高度、飞行起止时间及后续安排等。

（3）当日巡护飞行申请

巡护飞行前一小时，由机组向机场气象部门了解起降机场及巡护航线上的天气情况，并向所在机场空中管制部门提出当日飞行申请。同意后，按批准的时间和航线组织飞机起飞，实施空中巡护飞行。

（4）扑救林火飞行计划申请

接到上级灭火飞行命令后，应采取边申报飞行计划，边进行灭火飞行准备的方法，节省时间，力求以最快的速度到达火场，迅速扑救森林大火。

（5）巡护飞行中的工作

飞行观察员应在飞行过程中，准确记录飞机开、关车时间，空中发现火情时间，飞机挂、卸吊桶飞行时间。飞行结束后，应认真填写飞行任务书。

（6）巡护飞行后呈交报告

巡护飞行任务结束后，值班飞行调度员应及时收集护林飞行情况，向南方航空护林总站上报当日巡护飞行日报。发现森林火情或开展森林火灾扑救时，还应上报森林火场侦察和扑救报告单。

2.4.4　航空护林实施后的主要工作

①组织召开年度（航期）工作总结大会，对年度（航期）工作进行全面总结。

总结的内容：一是基本情况；二是好的方面；三是主要经验体会；四是存在的主要问题；五是对下一步工作的设想。

②与各航空公司进行租机费用结算。

③向省森林防火总指挥部、南方航空护林总站上报年度（航期）工作情况总结。

④对年度（航期）工作资料进行分类整理归档。

2.4.5　巡护飞行中飞行观察员的主要工作

（1）飞行前准备

①检查飞行装具，进行飞行前地图作业；②了解飞行天气、飞机和人员情况，进行飞行把关；③组织机组人员进场飞行。

（2）飞行中工作

①记录飞机开关车时间，并报告值班飞行调度员；②检查飞行航迹，保证按预定航线飞行；③加强空中观察，及时发现森林火情。

发现火灾后，应立即采取以下措施：①记录发现火情时间；②指挥飞机飞向火场，并准确对火场定位；③对火场进行空中观察和拍照，内容包括：火灾的过火面积，林相林分，有林面积，火线、火势与发展方向，风向风速，周边重要目标及居民点，地面有无专业扑救人员等；④观察结束后，及时将观察情况通报给值班飞行调度员或省和当地森林防火指挥部门，并提出扑救建议；⑤机上自带了灭火装备的，应立即投入灭火作业飞行。

（3）飞行后任务

①填写《飞行任务书》《火场观察报告单》；②协助飞行调度员做好上报工作。

2.5　空中观察技术

森林航空巡护作业的主要作用是发现林区火情，确定火场地点，俯瞰整个火场，勾绘火区全图，并了解火场受害植被类型、气象条件、火灾发展蔓延情况、周围地形、交通、河流、村镇、重要设施、地面扑火等扑救条件。航空巡护的观察资料都是扑救森林火灾的决策依据，对扑火队伍配备工具，合理布署扑火力量，制定扑火方案等方面都至关重要。航空巡护对交通不便，面积较大的林区在减少森林火灾的危害方面更有突出作用。

2.5.1　林火种类空中判断

（1）地表火

具有不规则的延长形状，烟呈浅灰色，从 600m 高度看不见火焰，有时仅能看到个别火焰的闪光。从 200m 观察高强度地表火时，沿整个火头可见到黄色丝状火焰。如从 200m 高度观察不到火焰，则说明火势很弱。

（2）树冠火

从空中很容易发现在树干和树冠上的火焰。火场形状呈狭长状，烟黑色。

（3）地下火

强度不如地表火，形状不像地表火那样延长，烟量也较少，则发生不久的地下火，烟从整个火场冒出之后，仅在周围冒烟，从飞机上看不到火焰。

为了仔细观察森林火灾的发展及周围情况，如判断火灾蔓延方向、地形特点、河流、道路、村镇、重要设施、地面扑火、气象条件、燃烧的林分组成和植被情况等，飞机应降到 200m 左右，直升机降到 100m 左右观察，并记录下所观察到的上述情况，且绘制草图及提出灭火措施的建议，及时报告扑火指挥部。

2.5.2　林火与烧荒，烟与雾、霾、霰、低云的区别

正确判断林火与烧荒，烟与雾、霾、霰、低云的区别要能并正确判断森林火灾，是衡量观察员业务水平的一条主要标准。如何判断林火与烧荒，烟与雾、霾、霰、低云的区别，非常重要，需要有一定的实践经验，尤其在能见度较差的情况下，更加难以准确辨认。因此，在判断时应掌握以下要点：

（1）林火与烧荒的区别

在沿航线巡护飞行时，经常看到烟，飞行观察员要有识别能力。发生烟的位置不同，燃烧的物质也不同，有的是林火，有的是草原火，有的是生产用火（如烧荒、烧枝、烧防火线等），如果不认真去识别，就会影响对森林火灾的处理，林火无疑是在森林里发生的火灾，而烧荒大部分是在距林区较远的居民点附近或林区边缘的新开发点。在能见度较差的情况下，在林缘发现的烟，应当特别注意，没有把握时，要到烟的附近去侦察，以免判断失误。

（2）烟与雾、霾、霰、低云的区别

①烟是物质燃烧时所产生的气体。其特点：一是有烟柱、烟云，并且不断变化着；二是烟柱与地面形成一定角度；三是烟呈灰白色、灰黑色、蓝灰色、灰色等颜色；四是影响能见度；五是当飞机经过烟层时可闻到烟味。

②雾是接近地面的水蒸气，基本上达到饱和状态时，遇冷凝结后飘浮在空中的微小水滴。其特点：一是白色，成堆状；二是多出现在云少微风的夜晚或雨后转晴的第二天早晨。

③霾是空气中存在的大量细微烟尘、杂质而造成的混浊现象。其特点：一是日落前较浓，影响能见度；二是有时发生在空中某一高度层上，形成霾层，形似烟云。

④霰是空中降落的白色不透明的小冰粒。其特点：一是多在下雪前或下雪时出现；二

是霰柱上连云底，下接地面，从透明度观察，上实下虚，与烟柱恰好相反；三是顺阳光观察霰柱呈白色，逆阳光观察呈灰黑色。

⑤低云，这里讲的低云是指接近地面的烟状云，云是大气中水汽凝结或凝华的产物，林区因湿度较大，常有低云发生。一般在当日 9：00 之前，多沉浮于沟塘河谷，随着气温的不断增高，逐渐上升，飘浮在林区上空，形成云状。有时这种低云并无一定范围，而且偶尔有较单一的云状出现，远处看去，位于山峦之间，形似烟云。其特点是纯白色，云形稳定。

出现以上几种天气现象时，一定要多加分析，观察判断，正确识别，避免与烟混淆。

2.5.3　在飞机上观察火灾的特征

在巡护飞行观察时，发现如下迹象，可能有火灾发生，应认真观察。

①无风天气，发现地面冲起很高一片烟雾，可能有火灾；

②有风天气，发现远处有一条斜带状的烟雾，可能有火灾；

③无云天空，突然发现一片白云横挂空中，而下部有烟雾连接地面，可能有火灾；

④风较大，但能见度尚好的天气，突然发现霾层，可能有火灾；

⑤干旱天气，突然发现蘑菇云；

⑥飞机的无线电突然发生干扰，并嗅到草本植物燃烧的焦味，可能有火灾。

2.5.4　空中确定火灾位置

一旦飞机发现火灾，可用下面方法准确测定火灾发生地点。

（1）目测法

利用地面明显的地标物，如道路、河流、湖泊等，都可能确定火场位置。

（2）交叉法

飞机发现火灾后，找出火场附近两个明显地标物，飞机通过第一个地标物上空对准火灾发生方向，测出航线的角度，然后再通过第二个地标物上空，作同样的观测，将两条测线的交角划在飞行图上，两线的交叉点就是火场的位置。为了慎重起见，也可用第三个明显地标物进行检查。

（3）航线法

飞机发现火情后，由一个地标物以直线方向飞向火场，可按飞行方向、速度和时间，在飞行图上确定火场位置。

2.5.5　空中确定火场面积

空中确定火场面积方法有目测法、地图勾绘法和计算法。

（1）目测法

目测法主要对一些火灾面积较小的火场（一般在 $100hm^2$ 以下）可用此法，主要靠实践经验。观察员应经常进行观察训练。从不同高度对已知面积进行观察，如水池或农田。在获得观察经验后，作出比较。如果有林班网，已知每个林班面积，也可与火场进行比较。

在测算小面积火场时，在 1:20 万地形图上无法勾绘出火区图，将火烧迹地的形状与某种几何图形比较，参考地图，目测出所需距离，按求积公式算出面积。此法主要靠实践经验。

【例 2-1】 从空中观测某火烧迹地形状相似长方形，参照地标目测宽度为 200m，长度为 400m，求该火烧迹地面积是多少公顷？

解： 因为长方形面积等于长×宽，所以，$200m \times 400m = 80\ 000m^2 = 8hm^2$。

（2）地图勾绘法

将火区勾绘在 1：20 万地形图上，再用方格计算纸按比例求出面积。大面积火场除使用 1：20 万地形图之外，也可使用 1：50 万地形图。

【例 2-2】 将一火烧迹地勾绘在 1：20 万地形图上后，用方格纸查出图上总面积是 15 个方格（$1cm \times 1cm$），求实地面积？

解： 因为 1：20 万地形图上 1cm 代表 2km，一个 $1cm \times 1cm$ 的方格所代表的实地面积是 $2km \times 2km = 4km^2$。所以，该火烧迹地面积是，$4km^2 \times 15 = 60km^2 = 6\ 000hm^2$。

【例 2-3】 将一火烧迹地勾绘在 1：50 万地形图上后，用方格纸查出图上总面积是 4 个方格（$1cm \times 1cm$），求实地面积？

解： 因为 1：50 万地形图上 1cm 所代表的实地距离是 5 km，那么 1 个 $1cm \times 1cm$ 的方格所代表的实地面积是 $5km \times 5km = 25km^2$。所以，该火烧迹地面积是，$25km^2 \times 4 = 100km^2 = 10\ 000hm^2$。

（3）计算法

火场较大而没有详细地图时，可根据火场的情况，利用飞机的飞行速度和纵横经过火区的时间，求出火区的长度和宽度，即等于速度×时间（飞机速度取平均值），然后求出面积。

2.5.6 火场发展判断

在飞机上观察森林火灾的蔓延发展、地形特点、河流、道路、燃烧的林分组成和植被情况等级，飞机应降到 200m 左右，直升机降到 100m 左右进行观察，将观察到的上述情况绘制成草图及提出灭火措施的建议，及时报告灭火指挥部。

思考题

1. 什么叫航线？常见航线分哪几种？哪种最适用？
2. 简述飞行航线的选择与飞行方式的设计。
3. 空中巡护如何区别地表火、树冠火、地下火？
4. 航护机型分哪几类？最早使用飞机航空护林的有哪些国家？
5. 在空中如何确定火灾位置？
6. 空中确定火灾面积有几种方法？哪种最好？举例说明。

本章推荐阅读书目

1. 黑龙江省佳木斯航空护林站编. 航空护林基础知识[M]. 黑龙江省佳木斯公安局铅印室印, 2006.
2. 胡海清主编. 林火生态与管理[M]. 中国林业出版社, 2005.
3. 赵晓光, 党春红主编. 西南航空森林消防培训教材[M]. 中国建筑工业出版社, 2012.

第**3**章

航空火情侦察与信息传输

在森林航空中，航空巡护飞行、火情观察、火场信息传输、航空灭火是飞行观察员担负的首要任务，飞行观察员是森林消防工作中的特殊工种，是火场第一手资料的提供者，又是航空灭火的参与实施者。本章主要介绍火场侦察、火场信息采集和火场信息传输。

3.1　火情侦察

火情侦察内容主要包括：确定火场的准确位置；勾绘火区图；观察火势和火的发展方向；判断火场风向、风力；判别火灾种类和被害树种；估算火场面积；无人机在火场侦察方面上的应用等。

3.1.1　观察方法

空中观察的最大不足是飞行观察员对任何一点进行观察的时间有限。为了弥补不足，飞行观察员必须勤奋地从飞机窗口向外瞭望。以Y-五飞机为例，飞行观察员如果坐在两位驾驶员中间舱门的位置，就采用"之"字形扫描方式，对航线两侧能见区域进行细心观察。如果坐在客舱，就必须从左右窗口交替观察。交替观察间隔以飞行方向的能见距离和飞行速度确定。对左右侧观察地区和边缘地区的时间多些。在边缘地区，烟柱常与杂色山坡、色彩类似的东西混在一起。因此，往往不易分辨，更要细心观察。

3.1.2　火场位置确定

飞行观察员在巡护飞行中发现火情，立即记下发现时刻。并参照火场附近的点状、线状、面状明显地标，判定火场的概略位置。如果火场的概略位置在国境线我侧10km范围内，必须请示上级批准后方可侦察；如果从火场的概略位置确认不是本巡护区森林火情，可代为观察或及时通报相关航站去处理；如果同时发现多处火，应本着先重点后一般的原则逐个处理，荒火服从林火，次生林火服从原始林火。

确认是本巡护区或区界上的森林火情后，应立即参照航线上的明显地标，确定飞机的精确位置，并指令机长改航飞向火场。飞机改航时，记下从改航点（某一明显地标）飞向火场的航向和时刻。将新航向与原航向、偏流比较，并参照地标，画出改航点至火场的新航线。飞机保持原高度，按新航线飞往火场。同时，对正地图，对照地面，"远看山头，近看河流，城镇道路，判断清楚"，利用较远或明显的地标来引伸辨认出较近或不明显的地标，边飞边向前观察和搜索辨认地标，随时掌握飞机位置，当飞机到达火场上空或侧方时，根据火场与地标的相对位置关系，判定出火场的精确位置，以火场中心为准，用红"×"符号标在图上，火场位置用经纬度表示。为进一步验证火场精确位置的准确度，指令机长在火场上空盘旋飞行，对已定的火场精确位置进行校对。采取由远到近，由近到远的观察方法，反复观察实际地标和图上地标对照。经过对照，如果火场附近的实际地标与图上所标火场位置附近的地标相吻合，说明已定的火场精确位置是准确的。如果不吻合，应重新确定火场的精确位置。从火场的周围选一个明显地标进行搜索定位。如果火场周围没有明显地标，应指示飞机飞往离火场较远的大地标，到大地标后指示飞机再次飞往火场搜索定位。也可根据改航后的时间、地速、航向、偏流，在图上画出航迹，按飞行距离初定火场位置。再根据火场附近的小地标确定火场精确位置。

3.1.3　高空观察

确定火场的精确位置后，指令机长保持原高度或在垂直能见度良好的条件下，提高飞行高度，增加视野内明显地标的数量，绕火场飞行，进行高空观察。

（1）勾绘火区图

根据火场边缘和火场周围的地标位置关系，采用等分河流、山坡线的方法，利用图上等高线确定火场边缘。其中火线、火点、火头等有焰部分用红线、红点、红箭头标绘。无焰冒烟部分用蓝色标绘。已熄灭的火烧迹地用黑色标绘。起火点特别注记。火区图通常勾绘在1∶20万地形图上，要记下勾绘火场准确时间，以便了解火场发展态势。

（2）估测有林地占整个火场面积的百分比

将火场面积视为10份，看有林地面积占几份。如果占4份，即有林地面积为40%；占6份，即有林地面积为60%。

（3）观察火势和火的发展方向

火势通常分为强、中、弱3个等级，火的发展方向以红色箭头标记，一般以勾绘火区图时的火头箭头指向代替。

（4）判定火场风向、风级

在判定火场风向时，主要观测烟飘移的方向。如向东飘移，就说明火场是西风，向西南飘移，说明火场风是东北风；其次，根据火场附近的河流、湖泊的水纹，树木的摇摆方向来测定。风向通常用北、东北、东、东南、南、西南、西、西北8个方位表示。判断风级时，主要观测烟柱的倾斜度，根据东北森林航空消防经验，一般情况如果烟柱的倾斜线与垂直的夹角是11°，那么火场风是1~2级；如果是22°，风是3级；如果是33°，风是4

级……即每级之间相差11°。

（5）补标地图

观察火场附近的自然和社会情况，将地图上没有标绘的河流、道路及居民点，标绘在地图上，作为扑火指挥的参考内容。

3.1.4　低空观察

高空观察结束后，指令机长降低飞行高度，进行低空观察。低空观察的高度与机长共同商定，一般以保证飞行安全和观察清楚为准。观察内容包括以下几点：

（1）火灾种类

火灾种类已在2.5.1小节中阐述，不再赘述。

（2）被害主要树种

空中观察时，主要看林相和树的颜色。例如，樟子松比落叶松深绿；秋季落叶后，落叶松发灰黄色，白桦可见到白色的树干。如果是混交林，按10分法表示，标出主要树种所占比例。如7落2桦1杨，表示落叶松占70%，桦树占20%，杨树占10%。

（3）火场扑火情况

观察火场有无扑火人员及大型机械参与扑火。

（4）判断起火点

绕火场低空飞行，根据火场情况判断起火点位置。

3.1.5　火场面积测算

火场面积测算通常采用地图勾绘法、目测法和求积仪测量法，火场面积以公顷为单位。地图勾绘法、目测法已在2.5.5小节中阐述，不再重复。主要介绍求积仪测量法和3S技术计算。

（1）求积仪测量法

将火烧迹地勾绘在地形图上，然后用求积仪进行测量，读出得数，按地形图比例换算出实地面积。求积仪使用方法见说明书。

（2）"3S"技术计算火场面积

根据卫星林火监测提供的热点（hot spot）位置，巡护飞机利用GPS导航可以迅速飞到热点上空，通过观察，判断是否为林火。在巡护飞行中，一旦发现火情，飞行观察员首先利用GPS定位仪快速确定林火位置所在经纬度，而后指令飞机沿火场边缘飞行，利用GPS定位仪可以估算出火场面积，

3.1.6　空中报告

火场观察完毕，将观察火场情况，及时填写在火情空中报告单上，一式二份。一份交机组通过飞机电台向基地报告或者用空地对讲机直接向基地报告。报告内容：火场位置（经纬度）、面积、估测有林地占火场面积的百分比、被害主要树种、火势及发展方向、风向风速（风力等级）、火头数目、火线长度、有无扑火人员、大型机械及数量、需要采取的扑火措施。

在观察处理火场时要做到"四快一准"，即：确定火场位置快，判断火场要素快，计算

火场面积快，提出扑火措施快；火场位置、面积准确。

3.1.7　空投火报

火场观察完毕，如急需地面上人扑救，指令机长飞向火场附近的居民点或火灾管辖区的森林防火办公室所在地。在飞行途中填好飞行灭火报告单（附火区略图），经复查无误，装入火报袋，与机长商定空投信号，到目的地后，选择人们能够观察到的地点（如学校广场、街道中心、升红旗的单位院内等）空投火报。火报空投后，注意观察地面人员是否收到，如投丢，应重新填写或将复印件再次空投，直到地面人员收到为止。

3.1.8　继续飞行

空投结束后，根据实际情况决定飞机返航还是加入原航线。如果加入原航线，入航点应选择在航线前进方向的前方转弯点或明显地标。无论返航还是加入航线，一定要掌握飞机位置，边飞边注意观察是否有新的森林火情发生。同时填写飞行日志和火场飞行灭火报告单。飞行结束后，与机长共同填好飞行任务书，并双方签字，一式二份，各持一份。

3.1.9　向调度室汇报

飞行结束后，到调度室向值班调度递交火场飞行灭火报告单（附火区略图）和飞行任务书、摄影、摄像资料。并将火场情况全面详细汇报，提出对该火场下次飞行意见。

3.1.10　旋翼无人机在火场侦察方面上的应用

森林航空消防有人机，在对火场进行侦察或扑救时，飞机空中作业有效时间短，优势不能充分发挥。而利用旋翼无人机（直升机）在有人机扑救火场时，承担火场侦察任务，不仅能增加有人机直接扑火时间，使有人机空中扑火能力得以充分发挥。而且还可以把火场适时图像传至指挥部，使指挥部全方位了解火场蔓延和扑救情况，从而及时调配兵力和指挥飞机进行扑救，真正实现地空配合。

火灾扑灭后，在留守扑火队员清理火场，防止复燃的情况下，无人机可以搭载红外探测任务载荷，对火烧迹地进行红外探测，获取火场内完整的地面温度分布状态图像，从而及时发现存在暗火，使指挥部能及时调配扑火队员清理暗火，保证扑火队员的生命安全，有效防止火灾复燃。

3.1.11　火情侦察工作中注意的问题

火情侦察是消防部队获得有关灭火战斗、抢险救援对象的全部材料信息，主要有以下五大问题值得注意。

（1）火情侦察的重要性

火场发生突发事件危及参战官兵安全，因此，必须对火情侦察引起高度重视，任何灭火抢险救援现场，都务必组织好、开展好、运用好火情侦察环节和技术，此谓"知己知彼，百战不殆"。

（2）火情侦察存在的误区

火情侦察是至关重要的环节，没有火情侦察提供的数据、信息，其他灭火救援战斗就失去了方向。但实际作战过程中，火情侦察很多时候只是简单的问问、看火打火、无头苍蝇情况偶有出现，甚至凭借简单的肉眼所见，导致损失更大的情况也有发生。火情侦察没有贯穿于始终的情况也很多，没有与疏散救人联系起来的情况也很多。火情侦察工作可以说比其他各项任务更艰巨、更重要，技术性更高，临机处置要求高，要求提供给指挥员的数据和信息比想象中的多得多。火情侦察是一项复杂的系统工作，绝对不是简单理解的就是看看火在哪里、人在哪里的问题，而是需要平时就要准备的工作。

（3）不同阶段火情侦察的任务

在灭火战斗中，火灾情报和灭火战斗力量双方都不是常量，火势是随时间的推移而发展变化的。而灭火战斗理论本身的发展变化又完全是为了符合火势发展变化的需要。因此，没有必须的火灾情报，消防部队的行动就没有根据，没有足够的火灾情报，消防部队的行动就缺乏针对性。火情侦察实际上就是为指挥员提供火灾情报的过程，而不同的灭火救援阶段，需要的火灾情报是有区别的，这些火灾情报的搜集，就成为火情侦察组应担负的任务。灭火战斗初期，火灾情报对消防部队争取时间、不失时机、迅速扑灭火灾、更多地减少火灾损失具有十分重要的意义。由于灭火战斗的对象各不相同，所以，搜集火情的内容也各不相同，一般情况下应包含以下内容：着火时间；着火的部位位置；燃烧物质；火势蔓延的范围；燃烧部位本身的重要特性和毗邻情况；火场情况（水源、道路等）；其他情况。灭火战斗中期，是指战斗展开至控制火势这一阶段。在这一阶段，灭火力量同火势发生直接冲突，它是对灭火准备和灭火战斗初期情报的检验，并有可能暴露灭火准备的不足和初期情报的虚报。大量火灾资料分析证明，这一阶段是灭火战斗的关键。因此，这一阶段的火情侦察，也就显得特别重要。通常情况下，主要有以下几方面：

火势的发展变化情况及其主要蔓延方向；人和物资受火势威胁程度；爆炸、毒害、触电、倒塌等危险情况；火源位置；火场客观条件对灭火战斗的影响；气象等其他有关情况。

（4）火情侦察的要点

侦察人员（情报搜集者）又由于时间紧迫，往往忽视对情报的分析以及情报的完整性。火情侦察在如此高度紧张的状态下进行，就要求侦察人员对于火情侦察要有一种程序性、条理性、完整性、指导性的行动指南，就像描述事一样，把握必备的要素或要点。这些要点包括：①时间，发现情况的时间及其发展变化的时间；②地点，情况发生的具体位置；③人员，提供情况人员的基本概况，可以初步断定情况的真实性；④人物，情况的具体内容（被困人或物、活动情况、数量、位置等）；⑤过程，事物发展变化的经过；⑥结果，报告时的状态以及有必要补充的发展变化的结果等。

（5）火情侦察应该坚持的原则

实际战斗中，火情侦察从接警赶往火场就已经开始（比如向指挥中心了解情况、向报警人进一步了解情况等），直至现场交接完毕返回的全过程。在这一过程中，火情侦察人员必须是连续的工作、反复的侦察，不断为指挥员提供发展变化了的信息情报。火情侦察与救人同时进行的原则。这一原则的坚持，是"救人第一、科学施救"指导思想的具体运用。救人第一与科学施救是紧密联系的，只有科学地施救才能达到最终的"救人第一"。怎样才能科学施救？只能通过火情侦察提供的情报，为施救赢得最快的时间、最佳的途径、最好的方法。

3.2　火场信息采集

火场信息采集，目前主要手段有卫星林火监测、火场飞行观察、空中摄录像和航空吊舱火情侦察系统。

3.2.1　卫星林火监测

卫星林火监测系统是指通过建设自主卫星数据接收系统，接收 NOAA 系列、EOS 系列、NPP 系列、FY3 系列在轨运行卫星数据，通过卫星数据的处理，生成林火监测图像，为我国提供日常卫星林火监测服务。

卫星林火监测在我国已广泛应用，火场信息采集中的主要作用及优势：一是能够实时监测和采集较大范围的宏观火险形势；二是通过卫星林火监测技术手段的升级，已克服了监测周期长，分辨率低的问题，能够在火灾发生的初始阶段，及时的监测发现火情，为火灾的"打早、打小、打了"创造条件；三是可以不间断的跟踪监测较大火灾的发展蔓延情况、火头分布及扑救效果，为指挥决策提供参考；四是可以应用到较大森林火灾的灾后评估工作。

3.2.2　火场飞行观察

火场飞行观察是航空护林飞行观察员乘机在空中对火场进行全面侦察，并将火场态势信息标绘到专用地形图或火场侦察标绘系统形成电子文档的一种火场信息采集手段。目前，随着地理信息技术和电子科技的迅速发展，飞行观察员专用的纸质地形图开始逐渐被装有电子地图的火场侦察标绘系统所取代（图 3-1）。

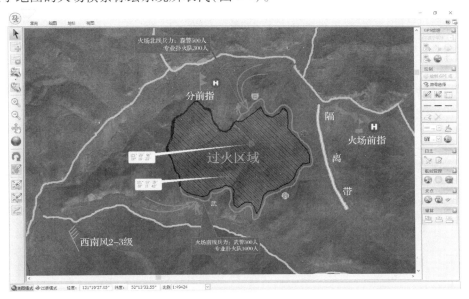

图 3-1　火场 GOOGLE 影像电子标绘态势图

　　火场侦察标绘系统是将领航、定位、绘图、传输等功能融为一体，利用 3S 技术，以平板电脑为载体，管理、编辑火场信息及地理信息，提供查询、定位、标绘、导航、火场报告文件快速生成等多项便捷功能的火场信息采集系统。其主要作用体现在以下几方面：一是该系统因融合了地理信息及定位、导航等多项辅助功能，可大幅降低飞行观察员在空中的领航作业强度，使其能将主要精力投入到精确标绘火场信息工作中，进一步提高了火场态势的标绘精度和效率，有效提升了火场信息采集质量；二是该系统可以迅速将标绘的火场信息输出为多种通信手段(如 4G、3G、卫星等)便于进行数据传输或者打印出图用的各类文件格式，有效提高了森林火灾扑救中的火场态势信息共享能力；三是该系统能与实时图传设备进行配置链接，实现侦察飞机飞行轨迹及标绘信息的实时回传，第一时间将火情信息传给扑火前指，有效提高了扑火前指的指挥、决策能力。

3.2.3　空中摄录像

　　空中摄录像是由飞行观察员或空中摄像员，乘机对火场实况进行摄、录像，是火场信息采集最传统的手段，在实际工作中使用时间较早，应用时间较长，操作简单、使用方便，便于收集整理，即可采用录播，也可灵活链接当前的多种传输设备进行实时传输，用途广泛，目前仍然是最为常用的火场信息采集方式，在火场信息采集工作中发挥着重要的作用。

3.2.4　航空吊舱火情侦察系统

　　航空吊舱火情侦察系统是一种新型的火灾探测任务系统，可广泛应用于通用直升机、固定翼飞机和无人机，是以红外焦平面、红外摄像机、可见光 CCD 探测器、可见光摄像机、激光测距仪和 GPS 等为信息获取设备，以伺服控制光电稳定云台为依托，以飞机为遥感平台，利用工控计算机及其相关软件技术对热点目标的红外、可见光视频图像以及GPS、飞机姿态、云台姿态等信息进行实时同步采集、监视、分析处理、锁定跟踪和压缩存储，并且把飞机上摄录的稳定的高清视频传输到指挥车或者后方指挥中心；通过对采集数据的分析和处理，实现视频图像(可见光、红外)的图像校正和拼接(图 3-2、图 3-3)，生成全局的图像，并将拼接成果叠加到电子地图上，进而能精确地获取火场的火灾强度和火场态势情况以精确显示火灾区域的社会特征。

　　该系统成功地将光机电一体化技术、GPS 技术以及计算机技术综合应用到了航空护林

图 3-2　火场红外拼接图像

图 3-3　可见光校正图像

机载林火监测领域，即可用于巡护监测，也可对森林火灾进行动态跟踪监测，尤其适用于烟雾笼罩下的林火目标以及森林地下火的监测，其优点主要体现在方便简单、速度快、造价低、灵敏度高、信息传输速度快等方面。该系统的投入使用会大幅提升火场信息采集工作的科技水平，进一步强化林火扑救和决策指挥的科技支撑。

3.3　火场信息传输

本文所指火场信息传输是指飞行观察员乘机在侦察火场过程中，把采集到的火场信息（态势图、图片、高清视频等）通过现有的通信手段，将火场信息传递给地面指挥中心或扑火前指。所以，实现这种传输主要有两个需求，一是高速移动中实现无线通信；二是要保证一定的传输带宽。

火场信息传输目前广泛应用于森林防火的航空巡护、侦察和应急指挥，在森林防火中迅速将火场的实时信息传输回指挥中心，使指挥中心及时掌握现场态势信息，对提高指挥决策的准确性和及时性，提高扑火效率上具有重要意义。

火场传输从技术应用标准上能够大致的分为 3 种类型：其一为公用网络型，主要使用移动、联通等网络，借助于 GSM、CDMA、3G、4G 等技术来传输；其二为专用网络型，主要是使用无线微波网络，借助于 WLAN、DSSS、卫星通信等技术来实现传输；其三为专业图像传输型，主要是使用数字移动图像传输网络，如 COFDM、8VSB、DS-OFDM 等技术进行传输。

3.3.1　基于公网的无线图像传输技术

基于公网的无线图像传输技术主要使用移动、联通等网络，借助于 GSM、CDMA、3G、4G 等技术来传输。公共网络的主要优势是其具有非常广阔的覆盖范围，这也是专网不能比拟的，特别是在山区和一些边远地区，其优势更加明显。在山区建立图像传输站和配套链路的成本会在很大程度上超过基站自身的建设费用，而卫星通信系统也会常常受到地形因素的影响而导致图像传输受到干扰，此时无线公共网络就能够充分发挥出其具备的优势，虽然说和专网比起来其带宽小、图像分辨率较低，但它能够在紧急情况下把现场图像传输出来。除此之外公网一是对硬件设备要求较低，一般民用手机、平板电脑等通信设备都能实现传输；二是成本低廉，进行传输时仅产生运营商的流量费，且费用低廉；三是操作简便，无需进行专业培训，任何人都可完成传输工作。但是弊端也较为突出，移动网络传输高度依赖运营商基站信号，如果传输作业位置没有运营商信号覆盖则无法进行信息传输。目前我国数据传输速率较快的 3G、4G 信号基站在大部分偏远地区还没有完全覆盖，所以采用移动网络传输火场信息在地理区域上受到限制，只能选择性的应用到火场信息传输工作中。

3.3.2　基于专用网络型的无线图像传输技术

专用网络目前一般指的是基于微波的 WLAN、卫星通信等方式。

（1）WLAN、DSSS 等技术

WLAN、DSSS 技术是解决几千米甚至几十千米不易布线场所数字信息传输的解决方式之一。采用调频调制或调幅调制的办法，将图像搭载到高频载波上，转换为高频电磁波在空中传输。其优点是：综合成本低，性能更稳定，省去布线及线缆维护费用；可动态实时传输广播级图像，图像传输清晰度不错，而且完全实时；组网灵活，可扩展性好，即插即用；维护费用低。其缺点是：由于采用微波传输，频段在 1GHz 以上，常用的有 L 波段（1.0~2.0GHz）、S 波段（2.0~3.0GHz）、Ku 波段（10~12GHz），传输环境是开放的空间，如果在大城市使用，无线电波比较复杂，相对容易受外界电磁干扰；微波信号为直线传输，中间不能有山体、建筑物遮挡；如果有障碍物，需要加中继来解决，Ku 波段受天气影响较为严重，尤其是雨雪天气会有比较严重的雨衰现象。

（2）卫星通信

是指通过人造卫星作为中继站而实现的通信。其拥有通信距离超远、覆盖范围广、性能稳定等优势。现阶段，卫星通常一般包含了静中通与动中通两类体系。静中通实现在静止状态下进行通信，而动中通能够实现移动过程中的通信，但是由于卫星天线时刻处在工作姿态，所以其具体尺寸也受到了一定限制，特别是安装在飞机上。因此，其天线的实际增益也难以做到很高，如此一来便制约了传输带宽的大小，此外其成本目前也比较昂贵，但是其是否更加灵活的机动性能，近年来在其他领域得到了非常广泛的应用。

3.3.3　基于专业传输型的无线图像传输技术

在专业图像传输中，通常以 COFDM 为代表，首先，由于目前我国对无线图像传输尚未专门规划频率。现阶段多采用 300~340M 频率，比较适用于城区、郊区、林区等非通视以及存在阻挡的环境中使用，其具备较好的穿透能力和绕射能力，可以更好的保证图像的稳定传输而不会受到外部环境较大的干扰；其次，这种方式适合于高速移动中的图像传输，能够应用于车辆、航护飞机等平台；第三，这种方式满足高带宽需求，适用于高速数据传输，速率通常可以超过 4Mbps，符合高质量传输需求；最后，在相对复杂的电磁环境中，COFDM 拥有非常好的抗干扰以及抗衰弱性能。

（1）技术特点

①绕射能力强，采用 300~340MHz 频段，具有更强的绕射能力，可在非视距环境下工作。适应复杂环境要求。

② 覆盖范围广，机载配备 20W 的发射功率配置和多种天线配置，在典型的野外地理环境下的覆盖范围可达到 60km。

③ 抗干扰能力强，采用 CDMA 系统的全数字调制解调方式，具有较强的抗干扰能力；

④抗衰落能力强，适合快速移动的工作环境；

⑤传输数据率高，灵活可调：支持带宽 2、4、8M 内可调，满足多媒体传输要求；同时传输数据率灵活分配，可实现上下行全双工、半双工等多种数据传输方式；

⑥移动性能优异：设计移动速度可达 500km/h，适应在机载、车载等高速移动环境下的工作要求；

（2）典型性应用模式

火场无线图像传输系统一般由中心接收站设备、机载设备、单兵背负设备以及中继设备为主要组成部分，可结合现场图像视频采集设备、中心图像监控设备、图像编解码器、语音通信设备、网络交换设备等各种设备组成一个完整的森林防火移动无线图像传输系统。

根据森林防火移动通信的要求特点，整个无线图像传输系统采用点对点和点对点中继的传输方式，传输系统由中心接收机、机载发射机、单兵发射机和中继站设备以及相应的天线、馈线等设备组成，对现场情况进行及时的全面立体监控指挥，提高了现场指挥的快速反应能力。同时通过资源共享，可实现单兵，通信车和指挥中心的相互协调、快速决策，形成统一指挥。

（3）系统覆盖区域

根据具体的地理环境情况，由单兵设备完成以应急指挥车（或者前指）为中心，半径 1~3km 的范围覆盖，将其范围内的现场视频或火灾现场视频实时传输到指挥车；由机载设备完成以应急指挥车（或者前指）为中心，半径 60km 的范围覆盖，并将其范围内的火灾现场视频实时传输到指挥车（或者前指）；当现场火灾环境距离超出以上范围时，可使用中继设备进行传输距离延长，将机载设备传输距离延长至 120~150km，以达到系统的传输覆盖要求。

系统拓扑结构如图 3-4 所示。

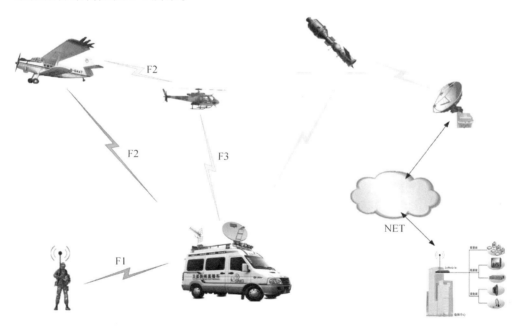

图 3-4　系统拓扑图

整个系统由 1 台机载设备，1 台单兵背负设备，1 台中继设备（一收一发）和中心接收设备。中心接收设备设立在卫星应急通信车内，并配备相应的供电、解码、天馈系统。机载设备和中继设备都分别安装在相应的飞机上，飞机上配备相应的安装固定环境或机架结构等。

机载发射机采用频点 F2（F2 = 300~350MHz 频率）与移动卫星指挥车连接；单兵设备

采用频点 F1（F1 = 370～420MHz 频率）与现场卫星指挥车连接；中继设备采用 F3（F3 = 480～530MHz 频率）实现机载发射机到中继设备，再到卫星指挥车的中继远距离传输。

以卫星指挥车为前指，整体图传系统实现了车内能够同时接收单兵和机载的两路高清视频信号，且能够进行相应的语音对讲功能；在使用中继设备进行传输时，在有效加大了机载设备的传输距离时，车内仍能够同时接收到两路视频信号，这样就大大增加了整体系统的灵活性和延伸性，更能够有效的保障第一手视频资料的及时性和可靠性。

方案设计为利用差频的方式，使用 3 个频率，来实现 3 种高清设备的交叉同时工作，单兵、机载、中继设备能够互不干扰的正常工作，三台接收机的工作频率分别为（F1 = 370～420MHz、F2 = 300～350MHz、F3 = 480～530MHz），在更有效的避免相互干扰的情况下，才能够发挥设备本身的良好工作性能，从而更有利于通信指挥工作。

上述 3 种传输技术具有各自不同的应用方向以及自身的优缺点，但站在专业角度上来说，从其图像传输质量、距离、集成性能等指标而言，第三类已经成为目前森林防火行业内无线图像传输的专业产品。

思考题

1. 火场侦察包括哪些内容？有哪些主要观测方法？
2. 卫星林火监测有哪些优点？
3. 场侦察标绘系统有哪些功能？
4. 航空吊舱火情侦察系统有哪些功能？
5. 火场信息传输分几类？哪类传输功能最好？

本章推荐阅读书目

1. 赵正利，张宝柱主编. 东北航空护林志[M]. 中国林业出版社，1999.
2. 国家森林防火指挥部办公室编著. 森林防火系列教材[M]. 东北林业大学出版社，2009.
3. 郑林玉，任国祥. 中国航空护林[M]. 中国林业出版社，1995.

森林航空灭火指挥调度

森林航空灭火是航空技术在森林消防工作中的具体应用。我国在 1952 年成立了第一家森林航空消防机构——东北航空护林中心，1961 年成立西南航空护林总站，从此航空灭火在我国东北和西南两大重点林区开展起来。为更好地适应新形势下航空护林工作的要求，2012 年，东北航空护林中心和西南航空护林总站分别更名为国家林业局北方航空护林总站和国家林业局南方航空护林总站。航空护林总站主要负责对我国南北地区森林防火工作实施监督、检查和协调，是国家森林防火指挥部和国家林业局服务力量的延伸，履行着森林航空消防、森林防火协调、卫星林火监测、防火物资储备四项职能，其中防火协调、卫星林火监测和防火物资储备三项职能是近十几年根据森林消防发展的需要，在现有森林航空消防职能的基础上建立起来的。

随着国家装备制造业的发展和新技术在森林消防领域的应用，航空灭火工作也呈现出良好的发展态势，正朝着"多机型组合，多方式灭火、自行航务保障、信息数字化传递、地空一体化"的方向稳步地推进。航空灭火在森林消防事业中的地位也更加巩固，作用更加重要，尤其在扑救重特大森林火灾中，发挥着不可替代的作用。

航空灭火包含的要素很多，是一项专业性很强的系统工程。指挥调度需要把涉及的人员、航空器、机具、装备、通信、航行保障、后勤保障、火灾评估、灭火方案等诸多要素紧密结合在一起，全过程行动都需要采取科学正确的指挥调度方式。指挥调度正确与否，对灭火救灾全局影响重大，是决定灭火行动成败的关键因素。加强航空灭火指挥调度理论和方式方法的研究，不断提高航空灭火指挥调度能力，是森防工作者持续研究和探索的重要课题。

4.1　概　述

4.1.1　森林航空灭火指挥调度工作的地位

森林航空灭火指挥调度以保护国家森林资源为核心目的，在森林航空消防工作中居于重要位置，是实施航空探火和扑火的中枢环节。实战操作中，需要综合天气、地貌、环境、物候、火险等级等实际情况提出飞行计划，并具体组织实施飞行、灭火等工作。加强航空灭火指挥调度工作，有利于提高航空灭火飞行效率，保障航空灭火飞行安全，提升航空灭火行业管理水平。

4.1.2　森林航空灭火指挥调度的工作原则

航空灭火总的原则是"打早、打小、打了"。在实战中，还需根据火场情况变化、灭火力量及火场保障条件等实际情况，结合指挥调度工作的特点，坚持以下几项原则：

（1）科学组织、安全第一的原则

航空灭火是一项综合性强的救灾工作，同时又是一项危险性高的飞行作业活动，要求指挥调度必须牢固树立以人为本的思想，周密计划，科学组织。在航空灭火的整个过程中，危险始终伴随着机组和灭火队伍，任何细小的操作失误或机械故障都可能导致严重的飞行事故，加上森林火场飞行作业环境复杂，对飞行作业人员的要求很高，需要坚持科学的态度，遵循自然规律的法则，才能将事故和伤亡率降到最低。如果不能牢固树立以人为本的思想，不能科学正确地实施有效的灭火组织指挥，会对机组和灭火队伍的生命财产造成严重损失。

（2）预先准备、主客观一致的原则

航空灭火指挥调度必须坚持"预先准备、主客观一致"的原则，坚决不打无准备之仗。特别是在扑救森林大火时，火场总指挥全权负责火场的扑救工作，其中也包括航空器的指挥和调度指令下达。作为航空灭火的决策者，在指挥调度航空器前，需要尽可能全面地掌握整个火场的信息，并在遵循主观意识符合客观实际要求的前提下，做出正确的判断和决策，具体讲要做到"五个熟知"，即熟知我情、火情、天情、地情和林情。火场前方指挥通常由火场所在地的最高行政领导或大军区的最高首长担任。

（3）机动灵活、速战速决的原则

航空灭火指挥调度应根据具体情况的变化，制定机动灵活的灭火方案，及时调整战略部署，善于捕捉在一定时间和范围内出现的有利灭火时机，采取切实可行的方案，以最小代价换取最大灭火效益，把灭火损耗和火灾损失控制在最低限度。指挥调度人员要在"五个熟知"的基础上，根据需要调用合适的航空器，如直升机灭火具有机动性强、能够低速飞行、起降受地形影响小等特点，利用直升机垂直起落或低空悬停取水，可以快速对火头、火线上实现定点喷洒，阻止火势蔓延或直接扑灭森林火灾，较快达到灭火目的。

（4）集中力量、重点用兵的原则

森林火灾的发生、发展是一个由小到大、由点到面的过程，一旦发生火灾，如果不能在短时间内扑灭，必然会形成大火灾。要在短时间内实现"打早、打小、打了"，必须集中力量，重点用兵。航空灭火的优势在于能够快速反应、迅速到达火场，能够根据需要组成灭火机群，形成合力，集中优势灭火。航空灭火的优势是建立在指挥调度迅速反应、科学组织、把控全局能力的基础上，要在指挥调度上重点考虑资源最优使用和对最佳灭火战机的把握。

（5）统一指挥、密切协作的原则

航空灭火具有参与队伍多样化和指挥调度复杂化的特点，需要重点解决好统一指挥和密切协作的问题。否则，航空灭火作战的指挥调度会出现混乱无序、政令不畅、各行其是等问题。

（6）周密计划、讲究效益的原则

指挥调度航空灭火需注意计划的周密性，认真考虑效益问题。实践证明，如果缺少周密的指挥调度计划，航空灭火很容易造成高耗低效，进而造成组织失效、指挥乱套。如在机降灭火时，需要事先对起降架次和投放点的选择做出周密的计划和安排，因为起降架次直接关系到扑火的费用消耗、整体兵力部署、扑火时间的长短以及森林火灾的损失程度；而机降投放点的确定直接关系机降队员的生命及装备的安全，关系到整个火场的兵力部署和扑火效率。

4.1.3　森林航空灭火指挥调度的工作特点

（1）航空灭火指挥调度工作具有统一性

航空灭火工作需要多行业、多部门的参与和配合。由于从事航空灭火指挥调度工作的专业人员的技术水平、专业知识、工作能力以及对问题理解、处理方法不尽一致，加之飞行和火场情况千变万化，没有统一的指挥，常会造成一盘散沙的局面。特别是扑救较大的森林火灾时，涉及部门多，指挥调度工作千头万绪，需要调度人员按照指挥部意图去组织协调，协调能力的好坏是能否完成指挥调度工作的重要保证。因此，指挥调度工作必须高度统一，即统一意志、统一指挥、统一步调、统一行动，避免各自为政、互相推诿，有利于发挥航空灭火整体力量。

（2）航空灭火指挥调度工作具有权威性

航空灭火指挥调度机构是同级领导组织指挥，航空灭火调度又是代表中心（航站）领导下达有关命令，因此调度部门和调度命令具有高度的权威性。实际工作中必须保证调度命令和指挥命令的一致，凡是经过调度下达的命令，要由上级主管领导签发，由调度部门统一下达，避免分散指挥和无人负责现象。

（3）航空灭火指挥调度职权具有明确性

各级航空灭火指挥调度按照"统一领导，分散管理"的原则进行明确的职责界定，各航空护林站巡护区的正常飞行、灭火组织与指挥以及与航空护林业务有关事项，由航空护林站调度负责；凡涉及站间航空器调配、重大火场灭火兵力部署与调整、火场的机降与化学灭火联合作战以及与航空护林任务以外的飞行，由总站调度部门负责。

（4）航空灭火指挥调度工作具有时效性

由于火情发生的时间、地点、发展、变化的不确定性和不可预见性，以及扑火救灾中

"打早、打小、打了"的客观要求，航空灭火指挥调度工作必须随时应战，应急处理，在短时间内迅速作出灭火方案，报领导批准后组织实施，科学、高效地处置火情。

（5）航空灭火指挥调度工作具有科学性

航空灭火指挥调度工作是以科学为依据的。在日常防火值班和火情发生后的指挥调度过程中要运用预防、监测、航护、通信、气象、网络、地理信息等方面的知识，还涉及领导学、组织学等学科，需要以科学为依据，综合运用各类知识。这些可变因素的综合、科学管理系统的发挥和使用，构成了航空灭火指挥调度系统的科学性。

4.1.4　森林航空灭火指挥调度的工作任务

指挥调度工作是航空灭火的重要环节之一，也是一个部门在保证安全的情况下，协助领导组织、计划、协调航空灭火任务的具体实施，同时监督航空器的使用与维修，通过地方防火部门及时了解和掌握各地火险、火情和各项任务完成情况，并进行统一调度指挥。具体包括以下任务：

①合理组织实施飞行任务；

②参与完成开航前的各项准备工作；

③代表领导向业务人员及飞行机组下达命令；

④协调单位内部各部门、各岗位关系；

⑤协助领导与地方防火部门、空管、飞行单位沟通联络；

⑥保证信息畅通，下情上报，上情下达；

⑦完成航期结束后的资料收集归档等业务工作，保证森林航空消防任务圆满完成。

4.1.5　森林航空灭火指挥调度的工作程序

航空灭火指挥调度程序可分为准备、实施、收尾3个阶段。

（1）准备阶段

准备阶段主要是指在防火期内，依据灭火预案，做好灭火作战前的各项准备工作。主要工作内容包括：

①收集火情要报；

②整理相关资料；

③调整灭火预案；

④安排部署任务；

⑤制定灭火策略；

⑥确定灭火队伍；

⑦组织清理场地；

⑧明确相关保障；

⑨下达预先号令；

⑩检查准备情况。

（2）实施阶段

实施阶段主要是指下达灭火命令后，从火场开进到突入火线实施灭火全过程的工作。

主要工作内容包括：

　①组织队伍开进；

　②组织现场勘察；

　③下达灭火任务；

　④指挥协调保障；

　⑤收集火场信息；

　⑥灵活机动用兵；

　⑦上下通报情况；

　⑧确保人员安全；

　⑨做好火线清理；

　⑩巩固灭火成果。

（3）收尾阶段

收尾阶段主要是指火线明火消灭之后，火场进入稳定阶段。主要工作内容包括：

①清理火场余火；

②严防余火复燃；

③组织移交火场；

④清点人员装备；

⑤组织队伍撤离；

⑥统计消耗情况；

⑦拟定灭火详报；

⑧整理有关资料；

⑨总结经验教训。

4.2　组织架构、职责及人员要求

4.2.1　航空灭火指挥调度组织架构

国家森林防火指挥部负责组织、协调和指导全国森林防火工作。指挥部办公室设在国家林业局，承担指挥部日常工作。国家林业局下设北方航空护林总站和南方航空护林总站，具体负责监督、检查、协调、服务航空灭火工作。根据和总站的业务关系可以将总站下设的航站分为直属航站、省属航站以及季节性临时基地三类。其中省属航站主要指非直属于总站的省级森林消防航空护林站，这类航站属于省级林业部门直属机构，受省级森林防火指挥部和省林业厅领导，按区域接受国家林业局的(南、北)航空护林总站业务指导。

航空灭火指挥调度工作是由航空护林总站下设的调度部门具体实施，按区域可分为北方调度中心和南方调度中心，分属于北方航空护林总站和南方航空护林总站；按层级可分为总站调度和航站调度(站调)两级岗位。

4.2.2　航空灭火调度工作职责

为保障航空灭火指挥调度的有序进行，对总站调度和航站调度的职责作了明确的界定。

（1）总站调度职责

①执行上级指示精神，及时请示报告，代表领导下达指示和命令。

②调查、收集航护区域内的社情、林情、火情。

③拟订森林航空消防的发展规划和年度计划，提出工作方案；起草简报、报告、总结、工作方案、租机协议等文字材料。

④协助领导与有关省（自治区）做好租机合同的签订工作，优选机源，科学、合理布局。

⑤负责总站基地调度指挥工作。

⑥负责监督、指导各站业务工作，并对航站调度进行航期值班检查。

⑦掌握各站飞行动态和林火动态，及时向领导汇报。

⑧密切注意重要火场的航空直接灭火和地面扑救情况，督促各站确保飞行安全，并向领导提出处置建议，积极参与飞行协调。

⑨坚守值班岗位，不脱岗、漏岗，按规定认真作好各种记录，审核各站上报的飞行动态和林火动态。

⑩收集、整理、归档业务资料，确保资料的准确、完整。

⑪管理总站调度指挥中心设施、设备，对其进行保养和维护，并制定管理规定。

⑫负责业务设备的计划及做好地形图的采购、管理工作。

⑬参与解决业务工作中的技术难题，协助领导组织开展业务培训和科研技术交流，掌握森林航空消防的最新动态。

（2）航站调度职责

相对于中心调度而言，航站调度工作更具体、直接，也需要更细致认真的工作。

①组织实施森林航空消防各项飞行工作，认真贯彻落实上级有关森林防火工作的指示要求，研究制订航空护林工作计划和森林航空灭火预案。

②提出航空护林飞行申请，向航空公司下达航空护林飞行任务，协调与军、民航区调的关系，保证护林飞行顺利实施。

③组织航空护林飞行准备，督促检查准备时间、内容、质量落实。

④组织实施航空护林巡护飞行，及时发现、采集、传输火场信息，提出扑救森林火灾建议。

⑤执行省森林防火指挥部的命令，采取吊桶灭火、机降灭火、索（滑）降灭火、空运扑火物资和人员等各种森林航空消防灭火手段，迅速扑救发生的森林火灾。

⑥组织建立具有文本、图片、摄像、火场档案以及有关文献等内容的数据库。收集整理巡护或灭火飞行情况，填写飞行调度日报，起草灭火飞行简报，按时向上级部门和领导报告森林航空消防工作情况。

⑦统计业务报表，签结飞行费用，总结航空护林工作经验教训，开展航空护林工作研

究和技术创新，推广应用森林航空消防新技术。

⑧组织飞行观察员、调度员的业务学习、专业技能培训和体查。

⑨申领（采购）、保管、使用、维护森林航空消防设备，确保始终处于良好。

4.2.3　航空灭火指挥调度从业人员职业要求

在航空灭火中，指挥调度是一个非常关键的岗位，要求从业人员具备较高的综合素质和业务能力，以适应航空灭火工作的需要。

4.2.3.1　从业人员素质要求

（1）具备较高的政治素质

政治素质主要表现在指挥调度人员对工作的认识和态度，不仅要热爱航空灭火事业，还要保持对本行业及与之相关行业的密切关注和敏感性，要坚持原则，科学指挥，不计个人得失，敢于承担责任。

（2）具备良好的品德素质

品德素质是指挥调度人员价值观、伦理观、道德观等方面的反映，特别表现出调度员的职业道德水平，具体体现在能否认真履行其岗位职责，工作程序和操作规程。

（3）具备较高的智能素质

调度员智能素质的高低，将关系到航空灭火调度工作质量的高低。调度员的工作是调度指挥，对航空灭火调度专业知识方面的要求更高、更完整、更系统、更扎实。此外在相关的知识方面也应具备一定的科学知识，如通用航空、气象、生态环境保护及计算机技术、通信技术、网络技术等。

（4）具备良好的身体素质

身体素质是指体质、体力和精力。航空灭火调度工作要求调度人员能适应长期倒班、昼夜值班的工作机制和应对突发事件的处置，要有健康的体魄和充沛的精力来应对调度工作。

（5）具备稳定的心理素质

调度员要做到临阵不乱、从容指挥，必须具备稳定的心理素质，包括气质、性格、举止、动机、需求等。心理素质的衡量标准是客观的，但表现基本上是隐性的，体现了人的认识过程、情感过程、意志过程的具体特征，调度人员应具备独立型、服从型、协作型、机智型、决策型和严谨型等多重性格特点。

4.2.3.2　从业人员业务能力要求

（1）组织协调能力

调度人员在处理大量的日常性事物时不仅需要这种能力，而且要充分发挥这种能力，尤其在执行重大紧急工作任务时，更不可缺乏这种能力。调度员在组织实施防灭火飞行时，如果组织协调没能及时跟上，则整个工作必然会出现紊乱低效的局面；相反，如果组织协调工作开展得准确到位，就可以起到凝聚和促进作用，就可在机组、地面保障部门的配合下，井然有序地完成飞行任务。作为一名合格的调度人员，在组织协调能力上应该做到正确地分解工作目标，制定切实可行的工作步骤，及时准确地进行信息沟通，合理妥善地落实具体任务。在处理日常性和紧急工作任务时，在时间上和空间上，组织好、处理好各部门之间的关系，把航空器利用得恰到好处，保证航空护林工作有条不紊地开展。

（2）综合表达能力

调度部门是航空护林的中枢环节，调度员是决策者指令的体现者，又是执行者执行情况的代言人，负责上情下达，下情上报。要做到各种指示命令准确记录传达，必须具备一定语言文字的综合表达能力，吐字发音要既标准又清晰，讲话态度要既有礼貌又具严肃性，材料的形成要既快又精炼完整，保证各种指示命令传达的准确、流畅、无误。

（3）快速反应能力

航空护林调度在调度指挥工作中，要做到快速反应，从时间上、速度上使各个环节、各个部门在短时间内形成良好衔接，使之紧紧围绕防灭火飞行开展工作。调度员在接受火情报告后，应立即对火场情况做出分析处理。是实施机（索）降灭火还是化学（洒水）灭火，航空护林调度必须做到情况清楚，头脑冷静，快速掌握火场情况，经过分析提出扑火方案，报领导批准后，迅速组织实施，严防贻误战机。在飞行任务的实施中还要随时了解火场变化情况，及时研究并采取相应的补救措施。

（4）信息获取能力

航空护林调度工作是各种信息的交汇点，能否及时正确地获处各种信息直接影响调度工作的质量。调度员必须随时注意和获取飞行动态和火情动态的信息，注意发现问题，提出建议；必须随时注意和掌握巡护区内的物候情况、气象预报、火险预报、卫星监测图像等信息，作出相应飞行计划和计划调整；必须随时注意统计、积累、收集、保管航空护林的有关资料，利用信息管理系统进行整理、分析和管理，探索飞行灭火的规律。

4.3　森林航空灭火飞行有关知识

4.3.1　航空灭火飞行特点

（1）南北方航空灭火具有差异性

南方主要林区海拔高、森林茂密、交通不便、人力不易扑救，同时存在着水源丰富、火场面积小、蔓延速度慢等特点。因此南方航空灭火以洒水灭火为主，通常应用高原型航空器开展吊桶洒水灭火或洒液灭火，代表机型有 M-26TC、K-32、CL-415 型等。北方林区由于大部林区山势相对平缓，海拔较低，水源相对较少，地形风较大，火情常发次生林区，火场蔓延速度快，火场面积大，但人力可以用不同的战术直接扑救或开设隔离带，控制和扑灭火灾。因此，北方航空灭火以机降灭火为主，通常以载量大的直升机快速运兵机降灭火为主，如 M-26TC、M-8/17/171、Z-8 型等直升机。当然，南方航空灭火也需要运兵机降，北方航空灭火也需要直接灭火，需根据不同火情灵活处理。

（2）航期随火险变化而变动

由于温度、湿度、季风、霜期、可燃物等因子影响着火险级高低，航空灭火必须按火险级的高低配备航空器和安排飞行才能提高森林防火效益。在航空灭火实际工作中要有侧重点，以东北为例，在航空灭火全年的工作中，春航重于秋航，秋航重于夏航。在航空器的调配上，重点林区，重点投放，适时调整。春航要先南后北，秋航要先北后南，夏航要先雷击区后其他区，依次调机，以提高航空器利用率。在飞行安排上，春航重点期在 4 月 20 日~5 月 30 日，秋航重点期在 9 月 25 日~10 月 25 日。每日飞行的重点时段在 11:00~15:00。

（3）集中航空器打歼灭战

一旦发生森林火灾，首先依据火场位置、火情和交通情况考虑本站航空器是否够用，如不够用，尽快请示上级请求支援。在航空器支援方面，需本着"无火服从有火，荒火服从林火，次生林火服从原始林火，一般火灾服从特殊地域火，低火险区服从高火险区"的原则主动配合，积极支援。在调机支援顺序上以就近支援、区内支援、省内支援、跨省支援为先后顺序排列为宜。在航空器数量和兵力投入上要求一步到位，切忌"加油"战术，倡导"投重兵、打小火、当日灭"。

4.3.2　航空灭火飞行相关规定

航空灭火飞行主要有巡护、机(索、滑)降、吊桶、侦察火场、空投空运、火场急救等飞行。在我国，空域由空军管控，专业飞行受到一定限制，就森林航空消防而言，需要遵循以下规定和要求：

（1）任务和航线申请

参加灭火的通用航空公司，每年春航和秋(冬)航的灭火任务申请和航线申请，都需向所在地区的民航管理局和空管局申报批准，同时还需向执行任务地区的军区空军申报备案。

（2）飞行计划申请

航护期间，执行任务的机组应于飞行前一天 15:00 前，向所在地飞行管制部门提出飞行计划申请；若遇紧急情况，临时飞行计划申请最迟在拟飞行 1h 前提出。

（3）更改航线飞行

巡护或载人巡护按照预定的航线飞行，飞行中发现火情，可改变航线进行观察，但必须立即报告区域航行管制室。遇紧急火情或特殊情况，需要进行航空直接灭火或侦察火情、侦察卫星热点、空投空运物资、空投防火宣传单、火场急救时，按临时航线飞行。

（4）目视飞行要求

灭火飞行以目视飞行为主，一般情况不安排夜航。侦察火场时，可沿火场边缘保持目视飞行，禁止进入浓烟中或烈火上空低空飞行。

（5）起降场地要求

直升机野外起降场应选择净空条件好、场地坚实平缓、便于起降的地方，且起降场地的长宽不得小于直升机全尺寸的 2 倍；相邻两个起降点间隔距离应大于旋翼直径的 2 倍；跑道长度通常应大于机身长度的 4 倍。

（6）机降灭火场地要求

需要对火场实施机降灭火时，起降场地应选择在火场上风方向，直升机着陆后不关车，且距离火场边缘不少于 300m；若着陆后关车，起降场距火场边缘不少于 2km。禁止机组离开直升机。

（7）飞行高度要求

航护飞行应根据任务的要求、地形和使用机型来确定飞行高度。速度在 200 km/h 以下的航空器距地面障碍物不得少于 50m；速度在 200 km/h 以上的航空器距地面障碍物不得少于 100m。航空器返航落地的备份油料不能少于 30min。

（8）危险品要求

因工作需要乘机的人员须经审查，且不得携带枪支、弹药及易燃易爆物品。

（9）民航调度职责

①负责审查进、离机场的航空器飞行预报及飞行计划；

②负责向有关管制室和飞行保障单位通报飞行预报和动态；

③办理代理飞行签派航空器的离场放行手续。

（10）民航站调（塔台）职责

①防止航空器相撞，防止航空器与地面障碍物相撞，维护空中交通秩序，保障空中交通畅通；

②负责塔台管制范围航空器的开车、滑行、起飞、着陆；

③负责本塔台区域航空器进、离管制；

④负责向航空器通报机场气象、通信、导航等设施工作情报；

⑤以机场为中心、半径 50 km 范围为塔台管制范围。

（11）民航区调职责

①负责本区域管制范围内航空器的空中交通管制服务；

②负责向本区域内航空器提供飞行情报；

③负责向本区域内航空器提供告警、搜寻救援；

④保障航空器飞越、穿越航路、航线畅通，防止两机危险接近，调配好航空器航路、航线飞行的高度层和管制移交协调工作。

（12）跨区协调

当护区内发生森林大火，需要调集多架直升机跨护区集中优势兵力扑救火灾时，相关航空灭火站申报紧急飞行计划，上级相关部门负责与航管部门联系，协调跨护区飞行事宜，民航区调发出调配航空器的指示；航空器到场后，无论航空器是何单位，民航站调对多架航空器进行指挥；飞行任务则由森林航空消防站调度安排。

4.3.3　航空灭火航空器使用注意事项

（1）合理分配和使用航空器

灭火任务配备的航空器机型和数量，应根据实际任务量来确定，而实际任务量的大小，要根据森林火灾的发生情况、火情面积等确定。森林火灾具有突发性，事先往往难以做出准确的判断，但可以根据历年森林火灾发生规律并结合当地森林防火期的长期天气预报进行全面综合的分析和判断。同时，还可以分析历年相同航期内租用航空器的机型和数量与本护区航空灭火实际任务量是否适应，通过综合考虑，尽可能做到租用航空器的机型和数量合理适当，保证航空灭火任务的完成。

（2）顺应规律适时调机

每个地区不同时期的天气情况，除特殊年份以外，都有其一定的变化规律。因此，受天气影响较大的森林火灾，其起止日期和火灾发生率较高的时期，相应地也就有其一定的变化规律。只要我们掌握了本护区森林火灾不同时期的变化规律，就可以安排好航期航空器调入和调出的日期，安排好航期不同时期航空器配备的机型和数量。以北方黑河地区为例，根据当地 10 年森林火灾资料，春航应在 4 月初开航调机，6 月下旬结航调机，重点放在 4 月下旬至 5 月下旬之间为宜；秋航应在 9 月下旬的中期开航调机，10 月底结航调机，重点放在 10 月上旬至中旬为宜。根据不同时期森林火灾发生的变化规律，还应该做到分期分批适时调机，把重点放在中期，同时兼顾两头。为了妥善安排好航空器调入和调出的日期，应绘制出本护区一定年限的森林火灾次数月份变化表和森林火灾面积月份变化表，以便掌握本护区内不同时期森林火灾次数、面积的发生变化规律，做到有的放矢地安排好航空器调配，从而提高航空灭火的工作效率和经济效益。

（3）科学合理规划航线

科学合理规划航线，对提高火情发现率至关重要。要做到科学合理规划航线，首先要对本护区内森林火灾的分布、人员活动、交通、地面瞭望塔的布防和森林的分布等情况进行综合全面地考虑，突出重点，兼顾一般。其次，不同地区，由于立地条件、森林类型、可燃物载量、火源等情况的不同，即使在完全相同的天气条件下，着火的可能性往往也不一样。航线的距离应视航空器的性能来决定，留有余地。相邻的两条航线之间距离不能过大，也不能过小，尽量做到航线不能重叠，增加航空器的巡护面积，避免造成浪费。此外，划分航线时，还要照顾到地面瞭望塔瞭望不到的盲区。

（4）科学合理组织飞行

科学合理组织飞行，是提高航空灭火工作效率和经济效益的关键。森林火灾的发生和发展受天气条件影响较大，因此，必须根据天气预报和森林火险预报安排好巡护飞行。森林火险级高时多飞，森林火险级低时少飞，在二级以下森林火险时，一般可以不安排巡护飞行。巡护密度的大小，要根据本护区森林火灾发生的客观规律决定，本着"三加强三减少"妥善安排，即加强重点航线的巡护密度，减少一般航线的巡护密度；加强森林火险级高时的巡护密度，减少森林火险级低时的巡护密度；加强中午前后的巡护密度，减少早晚两头的巡护密度。在森林火险级达到四级以上时，对重点火灾区和多火灾区的重点航线，每天应该巡护 2~3 次，从而提高火情发现率。在森林火险级较高时，还可以安排直升机中午小航线载人巡护或进行升高瞭望，这样即可以充分利用直升机的停场，节约飞行费，又可以提高火情发现率，真正体现"打早、打小、打了"的扑火原则。合理组织兼顾飞行，能一架次完成任务的，不能安排两架次，多项任务能结合在一起完成的，不分开安排。巡护飞行可以同火情侦察、火烧迹地空中调查、空投等项任务结合进行，火场机降、接人、火场内部倒运及运送食品等项任务也可以互相结合，这样才能不断提高航空灭火工作效率和经济效益。

（5）统一指挥、统一调动、联合作战

航空灭火是一项专业性较强的工作，不能分散管理和指挥。应尽可能对航空灭火航空器，特别是直升机实行集中统一指挥，统一调动，联合作战，对重要火场的指挥更应如此。各级森林防火调度部门要做到局部利益服从整体利益，打破行政界线，树立防火有界线，扑火无界线的思想，坚决制止画地为牢，各自为战的行为。相邻的航空护林站，要做到相互合作，在火情紧张期，当一方急需航空器或者出现其他特殊情况时，另一方要及时给予支援，上级森林防火指挥部门要适时组织好临时性的转场飞行或者利用各自的机场进行联合作战，充分发挥航空灭火的空中优势。

4.3.4 森林航空消防主要机型

（1）M-8

型号	M-8	制造商	前苏联米里设计局	基本参数			
类别		双发旋翼机					
				机 长	25.33	机 宽	2.5
				机 高	5.54	旋翼直径	21.29
				空 重	7 149	最大起飞重量	12 000
				最大有效载荷	4 000	最大航程	450
				最大巡航速度	225	巡航速度	210
				最大续航时间	3h	座 位	24

（2）M-171

型号	M-171	制造商	前苏联米里设计局	基本参数			
类别		双发旋翼机					
				机 长	25.35	机 宽	2.5
				机 高	4.76	旋翼直径	21.29
				空 重	7 055	最大起飞重量	13 000
				最大有效载荷	20 000	最大航程	570
				最大巡航速度	250	巡航速度	230
				最大续航时间	2.3	座 位	26

（3）Z-8

型号	Z-8	制造商	昌河飞机制造公司	基本参数			
类别		双发旋翼机					
				机 长	23.035	机 宽	5.2
				机 高	6.66	旋翼直径	18.9
				空 重	6 980	最大起飞重量	12 074
				最大有效载荷	4 000	最大航程	800
				最大巡航速度	315	巡航速度	255
				最大续航时间	4h	座 位	39

（4）Z-9

型号	Z-9	制造商	哈尔滨飞机制造公司	基本参数			
类别		双发旋翼机					
				机　长	13.46	机　宽	2.03
				机　高	3.21	旋翼直径	11.93
				空　重	1 975	最大起飞重量	3 850
				最大有效载荷	1 863	最大航程	1 030
				最大巡航速度	324	巡航速度	260
				最大续航时间	5h	座　位	16

（5）Z-9A

型号	Z-9A	制造商	哈尔滨飞机制造公司	基本参数			
类别		双发旋翼机					
				机　长	13.46	机　宽	3.21
				机　高	3.21	旋翼直径	11.94
				空　重	2 050	最大起飞重量	4 100
				最大有效载荷	2 038	最大航程	860
				最大巡航速度	306	巡航速度	260
				最大续航时间	5h	座　位	12

（6）M-26TC

型号	M-26TC	制造商	前苏联米里设计局	基本参数			
类别		双发旋翼机					
				机　长	40.025	机　宽	8.95
				机　高	8.145	旋翼直径	32
				空　重	28 200	最大起飞重量	56 000
				最大有效载荷	20 000	最大航程	1 920
				最大巡航速度	295	巡航速度	255
				最大续航时间	3.5h	座　位	82

（7）KA-32

型号	KA-32	制造商	俄罗斯卡莫夫直升机公司	基本参数			
类别			双发旋翼机				
				机　长	12.217	机　宽	3.805
				机　高	5.45	旋翼直径	15.9
				空　重	8 500	最大起飞重量	11 000
				最大有效载荷	3 300	最大航程	800
				最大巡航速度	260	巡航速度	230
				最大续航时间	4.5h	座　位	16

（8）AS-350

型号	AS-350	制造商	欧洲直升机公司	基本参数			
类别			单发旋翼机				
				机　长	12.94	机　宽	2.28
				机　高	3.33	旋翼直径	10.69
				空　重	1 224	最大起飞重量	2 250
				最大有效载荷	1 022	最大航程	666
				最大巡航速度	258	巡航速度	226
				最大续航时间	3h	座　位	6

（9）AS-350B2

型号	AS-350B2	制造商	欧洲直升机公司	基本参数			
类别			单发旋翼机				
				机　长	10.93	机　宽	2.74
				机　高	3.14	旋翼直径	10.69
				空　重	1 174	最大起飞重量	2 250
				最大有效载荷	1 026	最大航程	662
				最大巡航速度	287	巡航速度	245
				最大续航时间	4.1h	座　位	7

（10）AS-350B3

型号	AS350B3	制造商	欧洲直升机公司	基本参数		
类别		单发旋翼机				
				机　长	11.05	机　宽	2.74
				机　高	3.26	旋翼直径	10.81
				空　重	915.3	最大起飞重量	2 250
				最大有效载荷	1 336.6	最大航程	664
				最大巡航速度	286	巡航速度	258
				最大续航时间	4.24h	座　位	6

（11）Bell-407

型号	Bell-407	制造商	贝尔直升机公司	基本参数		
类别		单发旋翼机				
				机　长	12.7	机　宽	2.47
				机　高	3.56	旋翼直径	10.66
				空　重	1 221	最大起飞重量	2 721
				最大外挂载荷	1 079	最大航程	675
				最大巡航速度	260	巡航速度	246
				最大续航时间	3.8h	座　位	8

（12）BO-105

型号	BO-105	制造商	欧洲直升机公司	基本参数		
类别		双发旋翼机				
				机　长	11.86	机　宽	3.805
				机　高	3.02	旋翼直径	9.94
				空　重	1 276	最大起飞重量	2 500
				最大有效载荷	1 224	最大航程	1 112
				最大巡航速度	240	巡航速度	204
				最大续航时间	3.4h	座　位	6

（13）H-410（原型机为 Z9）

型号	H-410	制造商	哈尔滨飞机制造厂	基本参数			
类别		双发旋翼机					
				机 长	13.46	机 宽	2.03
				机 高	3.21	旋翼直径	11.93
				空 重	1 975	最大起飞重量	4 000
				最大有效载荷	2 025	最大航程	910
				最大巡航速度	293	巡航速度	260
				最大续航时间	3.5h	座 位	14

（14）H-425

型号	H-425	制造商	哈尔滨飞机制造厂	基本参数			
类别		双发旋翼机					
				机 长	13.46	机 宽	3.47
				机 高	3.21	翼 展	11.93
				空 重	2 200	最大起飞重量	4 250
				最大有效载荷	1 900	最大航程	800
				最大巡航速度	280	巡航速度	270
				最大续航时间	3h	座 位	13

（15）B-2B

型号	B-2B	制造商	勃兰特利国际公司	基本参数			
类别		单发旋翼机					
				机 长	6.43	机 宽	2.08
				机 高	2.11	旋翼直径	7.24
				空 重	463	最大起飞重量	757
				最大有效载荷	281	最大航程	322
				最大巡航速度	161	巡航速度	145
				最大续航时间	3.5h	座 位	2

（16）Y-5B

型号	Y-5B	制造商	石家庄飞机制造公司	基本参数		
类别		单发固定翼				
				机　长	12.688	机　宽	
				机　高	6.097	翼　展	18.176
				空　重	3 320	最大起飞重量	5 250
				最大有效载荷	1 500	最大航程	1 376
				最大巡航速度	256	巡航速度	160
				最大续航时间	10.6h	座　位	12

（17）Y-12

型号	Y-12	制造商	哈尔滨飞机制造公司	基本参数		
类别		双发固定翼				
				机　长	14.86	机　宽	
				机　高	5.575	翼　展	17.235
				空　重	3 000	最大起飞重量	5 000
				最大有效载荷	1 700	最大航程	1 340
				最大巡航速度	328	巡航速度	292
				最大续航时间	5.8h	座　位	48

（18）M-18

型号	M-18	制造商	波兰航空有限公司	基本参数		
类别		单发固定翼				
				机　长	9.47	机　宽	
				机　高	3.7	翼　展	17.7
				空　重	2 710	最大起飞重量	5 300
				最大外挂载荷	2 590	最大航程	970
				最大巡航速度	280	巡航速度	230
				最大续航时间	4.2h	座　位	2

（19）PL-12（空中卡车）

型号	PL-12	制造商	澳大利亚飞机公司	基本参数		
类别		单发固定翼				
				机　长	7.2	机　宽	
				机　高	3.733	翼　展	12
				空　重	1 221	最大起飞重量	2 225.8
				最大外挂载荷	700	最大航程	1 574.2
				最大巡航速度	200	巡航速度	180
				最大续航时间	4h	座　位	3

（20）AT-402B

型号	AT-402B	制造商	空中拖拉机	基本参数		
类别		单发固定翼				
				机　长	8.23	机　宽	
				机　高	2.59	翼　展	14.97
				空　重	1 823	最大起飞重量	4 159
				最大有效载荷	2 336	最大航程	1 014
				最大巡航速度	251	巡航速度	230
				最大续航时间	4.4h	座　位	1

（21）AT-504

型号	AT-504	制造商	空中拖拉机	基本参数		
类别		单发固定翼				
				机　长	10.21	机　宽	
				机　高	2.99	翼　展	14.63
				空　重	2 109	最大起飞重量	4 354
				最大有效载荷	2 245	最大航程	1 287
				最大巡航速度	340	巡航速度	243
				最大续航时间	5.3h	座　位	2

（22）CL-415（陆地）

型号	CL-415	制造商	加拿大飞机公司	基本参数			
类别	双发固定翼						
				机　长	19.82	机　宽	
				机　高	8.98	翼　展	28.63
				空　重	12 333	最大起飞重量	19 890
				最大有效载荷	6 123	最大航程	2 426
				最大巡航速度	376	巡航速度	269
				最大续航时间	9h	座　位	16

（23）CL-415（水上）

型号	CL-415	制造商	加拿大飞机公司	基本参数			
类别	双发固定翼						
				机　长	19.82	机　宽	
				机　高	6.88	旋翼直径	28.63
				空　重	12 333	最大起飞重量	17 168
				最大有效载荷	6 123	最大航程	2 426
				最大巡航速度	376	巡航速度	269
				最大续航时间	9h	座　位	16

4.4　森林航空灭火指挥调度实施

航空灭火工作具有周期性，按不同阶段可分为航期和非航期。每年开航和结航日期根据当地的防火期或以往火灾发生情况而定。航期是总站和各航站工作最繁忙、最紧张的时期，同时也是最容易出现安全疏漏、发生安全事故的时期。因此，除了贯穿全年的指挥调度实施措施外，针对航期内的指挥调度还有更具针对性的工作安排。

4.4.1　航期指挥调度工作安排

4.4.1.1　开航、结航日期的确定

确定航期的开始与结束日期，要以航站所在地的防火期开始与结束日期为主要参考，结合本站护区内温度、湿度、植被、可燃物、降水、入山人员活动、大风次数等因子，并参考中、长期天气预报，综合平衡，确定出最佳日期，而不应机械地以当地防火期开始与结束日期为开航、结航日期。

4.4.1.2 开航前的准备工作

①加强业务知识学习，掌握空中观察、森林防火、火场扑救等知识，要熟练掌握机（索、滑）降灭火和吊桶灭火操作规程及技术要领。

②加强与执行防火任务的各航空公司机组、森警部队及前线火场有关单位和部门的协调与配合，及时召开协调会和碰头会，研究解决工作中存在的共性问题，加强协调、简化程序、减少矛盾；加强空地勤人员的协调与配合，严明工作程序，共同把好安全关，及时检查清理飞行区域安全，确保航空器安全起飞和着陆，做到紧张有序，忙而不乱。

③了解本巡护区内森林资源情况；自然地理情况，人员分布情况；火源分布，火灾规律情况；航空器性能和状态情况；森林防火力量设施兵力部署情况；气象与火险情况；日出日落时间。

④准备各种地图报表等工作用品，组织清扫跑道、停机坪、滑行道。

⑤航空器进场后，要组织好机组、中心机降队（森警、地方专业队）进行必要的索（滑）降训练和吊桶洒水训练，发现问题及时解决。

⑥火情汇报通报。火情汇报按照归口逐级汇报原则，火情通报按照平级通报原则进行。航站调度在汇报通报火情时，分为一般火情和重要火情。一般火情在飞行结束后，及时向总站汇报并通报地方森林防火指挥部办公室；重要火情应首先向总站汇报并及时向航站护区内地（州、市）森林防火指挥部通报，若需向省（自治区）森林防火指挥部办公室汇报的，应及时请示总站，经同意，可以代表总站向相关省（自治区）森林防火指挥部办公室通报。

首先根据火情需要、森林火险等级以及本护区人员活动情况等，制订周飞行计划；其次再根据当日天气预报、火险等级及火情需要等情况，选择最佳灭火航线，制订"当日计划"。

最佳灭火航线是指覆盖人员活动频繁、火源较多、容易着火的多火灾区或原始林区的航线。

4.4.1.3 航期调度工作的实施

①掌握气象与火险情况，安排飞行计划，组织实施各种灭火飞行。

②填写各种报表及上报飞行与火灾动态等。

③与相关部门保持信息畅通，注意收集、核对相关配合单位联系电话、护区内防火部门对讲机使用频率等，确保地空配合时信息畅通。

④积极协调地方森林防火指挥部、空管、保障部门关系，确保地空配合的各个环节紧密相连。

⑤督促、检查签订的灭火防火合同的落实。

4.4.1.4 航后工作

结航后的主要工作：

①安排检查航线，建议结航日期。

②按照签订合同要求，与机组结算飞行小时及费用。

③制作火场档案。

④保管好各项专用设备及备品。

⑤做好总结和统计各种报表等。

4.4.2　指挥调度具体措施

4.4.2.1　调度前的准备工作

1）火情信息分析与处理

火情分析与处理应按先主后次、先急后缓、先重点后一般的原则。火情处理包括重要火情和一般火情处理。重要火情是指危险性较大、面积大、交通不便、航站或地方难以扑救，而引起省级、国家级防火办重视的，或在自然保护区、原始林区、重点林区、风景林区、城市周边和国境线、省界附近发生的、社会影响大的森林火情，以及须向国家林业局报告的"八类森林火灾"；一般火情是指危险性较小、面积不大、交通便利、航站或地方容易扑灭、社会影响较小的森林火情。

（1）总站调度

①先处理重要火情，再处理一般火情。一般火情处理较为简单，值班调度只需督促各站做好飞行和扑火安全工作，掌握飞行情况即可，通常由航站自主处理。重要火情处理有3种情况：一是航站报告的重要火情。值班调度接到报告后，立即详细了解火场的基本情况和航站的处置情况，认真做好记录后将情况迅速报告领导，根据指示再做下一步工作；二是省（自治区）指挥部报告请求空中支援的重要火情。值班调度接到报告后，立即详细了解火场基本情况、地面扑救情况和地方的请求内容，并认真做好记录后将情况迅速报告领导，根据指示再做下一步工作；三是国家林业局防火办指示处置的重要火情。值班人员接到指示后，认真做好记录，并迅速将指示内容报告领导，根据领导指示再做下一步工作。

②火情汇报通报：火情汇报按归口逐级汇报原则，火情通报按平级通报原则进行。总站调度在汇报通报重要火情时，在经领导批准情况下，可以代表总站向国家林业局防火办汇报，同时向火灾发生省（自治区）森林防火指挥部通报。

（2）航站调度

空中巡护发现火情或侦察火场，观察员将火场情况和扑救建议报到调度室后，航站调度应立即进行标图作业，准确掌握火场位置、过火面积、火势、森林类型、火线火头、风向风速、有无人扑救、火场地形地貌及海拔等情况，并提出处理建议。若能实施空中直接灭火，参照总站制定的机降、索（滑）降和吊桶灭火实施办法，参与制定最佳灭火方案，组织实施直接灭火工作；若需要地面配合航空器灭火的，立即通知地方组织扑火队员增援；若航空器受火场地形、气候条件影响不能实施直接灭火的，要通知飞行观察员将火场情况侦察清楚，通知地方组织扑救。除此之外，还应保证信息畅通，及时向总站调度和领导汇报火场和直接灭火进展情况、地面扑救情况等。飞行任务结束后，应先口头报总站调度，然后再把制作好的调度报表上报总站调度室。对于重要火场，还要迅速组织拟定"火场侦察情况汇报"，将观察员制作"火场态势图"等资料，整理后迅速报总站调度室。

2）制订灭火飞行计划

（1）飞行计划制订

——准备作业区域气象资料，确认已获得的天气报告、天气预报能够指导整个飞行期间作业，航线的云底高度和能见度应等于或高于适用的目视飞行规则最低运行标准；

——查找与分析作业区低空目视飞行航线资料，并总结选择最优飞行线路；

——选择备降机场；

——根据作业环境计算出每架次起飞的最大载重量；

——根据实际操作需要，制定航空器载重平衡表；

——制订飞行计划表；

——签定飞行任务书；

——完成飞行放行单。

（2）飞行计划申报

一是将制订好的周飞行计划交机组，并报总站调度室；二是"当日计划"于当日立即交机组，由机组负责申报，并通过相关系统上报总站调度室；三是若计划改变，立即将变更计划报总站调度室，同时报机组；有紧急任务时，临时申报计划。

3）空域申请、报告与使用

（1）空域申请

根据目前的《通用航空飞行管制条例》，森林航空消防飞行管制要求如下：

①从事通用航空飞行活动的单位、个人实施飞行前，应当向当地飞行管制部门提出飞行计划申请，按照批准权限，经批准后方可实施。

②使用机场飞行空域、航路、航线进行通用航空飞行活动，其飞行计划申请由当地飞行管制部门批准或由当地飞行管制部门报经上级飞行管制部门批准。

③使用临时飞行空域、临时航线进行通用航空飞行活动，其飞行计划申请按照下列的权限批准：一是在机场区域内的，由负责该机场飞行管制的部门批准；二是超出机场区域在飞行管制分区内的，由负责该分区飞行管制的部门批准；三是超出飞行管制分区在飞行管制区内的，由负责该区域飞行管制的部门批准；四是超出飞行管制区的，由中国人民解放军空军批准。

④飞行计划申请应当在拟飞行前一天15:00前提出；飞行管制部门应当在拟飞行前一天21:00前作出批准或不予批准的决定，并通知申请人。

执行紧急救护、抢险救灾、人工影响天气或其他紧急任务的，可以提出临时飞行计划申请。临时飞行计划申请最迟应当在拟飞行1h前提出；飞行管制部门应当在拟起飞时刻15min前作出批准或不予批准的决定，并通知申请人。

⑤使用临时航线转场飞行的，其飞行计划申请应当在拟飞行2天前向当地飞行管制部门提出；飞行管制部门应当在拟飞行前一天18:00时作出批准或不予批准的决定，并通知申请人，同时按照规定通报有关单位。

（2）空域使用

①航空灭火空域内，空军执行军事任务时，若空域发生冲突，可让灭火航空器避让或取消当日灭火飞行。

②航空灭火航空器，不得进入国境线我侧10km内飞行，如有火情需要侦察时，经所在飞行管制分区指挥机构（航管中心）审批并报军区空军备案后方可执行。

③当发生紧急火情时，凡不进入国境线我侧10km以内执行紧急森林灭火任务时，可边起飞边报告。

4）制订灭火方案

灭火方案的确定，一般应考虑到火场面积的大小、火势的强弱、火场发展速度的快慢、火场距离机场的远近、火场的山形地势状况、火场的植被情况及火灾的种类、气象条件、航空器的数量状态等综合考虑。

（1）实施化学灭火单独扑灭的小火场

对于距离机场较近（20km左右），面积较小（10亩以下），火场风速不大，发展较慢的草原火警，初发小火或者潜在危险性不大的火场，可以考虑航空喷洒单独扑灭该火场，而不使用直升机机降和地面扑火力量，化学灭火机群和直升机洒水机群可以直接向火线喷洒药剂和水剂，以尽快扑灭。

（2）可实施单独扑灭的中型火场

对于一两群次难以扑灭的中型草原火或者距离在30km左右的草原火，可以先在火头前方一定距离进行往返多次的衔接式喷洒，喷设一条防止火灾发展蔓延的隔离带，先堵截住火头，然后再喷洒两侧和周围的火线，阻火隔离带以半圆形为佳，每架次喷洒必须衔接紧密，不能有漏喷地带，以防跑火，喷洒隔离带时要将周边火线全部圈在隔离带内侧，封闭火场向四周发展的通路，最后将火彻底扑灭。

（3）可实施机降、化学及洒水灭火联合扑救的火场

对距离机场较远（40~100km）的中、小型火场应考虑同时使用化学灭火、洒水灭火和机降灭火，搞好喷洒灭火与机降灭火的配合，一般是直升机先行起飞到火场，就近选择水源吸水扑火，随后化学灭火机群载药飞往火场，然后机降灭火航空器跟进飞行，直升机吸水灭火和化灭机群应优先喷洒发展较快的火线和火头。也可以考虑喷洒隔离带包围圈的方式拦截大火头、大火线，随后机降扑火队员进入火场扑火，配合时尤其是先要喷洒扑灭那些发展最快的树冠火和威胁地面人员生命安全的大火头，以及威协居民区的火头。其次喷洒地面人员难以靠近的高能量、高强度火线，以利于地面人员快速展开扑火。

（4）可实施空中地面联合扑救的火场

对于距离机场较远（100km以外）的火场或者较大的火场，应考虑到化学灭火、机降灭火、洒水灭火和地面扑火队联合扑救，即调动空、地所有必要的扑火力量参加扑火，此时喷洒机群在扑火中起到的是辅助作用，而不是决定作用，喷洒的主要任务仍然是拦截火头，控制火场发展速度，配合地面人员扑火，为地面人员创造扑火战机和有利条件等。

喷洒机群在扑救所有火灾的过程中都能起到积极的、不可低估的作用，能自己单独扑灭的就自己单独扑灭，不能单独扑灭的火场，可以配合协助扑救。

（5）可不实施喷洒的火场火头火线等

当风速超过8m/s时，药液和水液被风吹散的太多，落不到地面，起不到灭火阻火作用，此时可考虑不使用机群化学灭火。对于火场火头前方有农田、水面、防火线、河流、较宽道路等或者没有发展可能的火线也不必实施喷洒灭火。

5）调度方案的优化分析

森林火灾最主要的特点是多发性与突然性，火灾发生时进行快速查询、定位，确定最佳救火路径以及通过模拟火势蔓延情况来辅助决策指挥者进行扑火，关系到整个调度指挥系统的运行效率。发现火情后，在第一时间内将现有的扑火设备、人力合理的调配到现

场，是关系扑救工作成败的重要因素。要在极短的时间内做出合理的调度方案，进行人员和救火设施的合理调配、及时的人员疏散和临时隔离带的合理布设，调度指挥方案的优化就显得特别重要。通过多宗航空灭火指挥调度高效运作案例的分析，调度指挥方案的优化应做好以下几个方面：

（1）火场定位

起火点的位置（经纬度）要精确，火场距离和面积的量算要快速、准确。

（2）最佳路径分析

当火灾发生时，提供出从附近的灭火点到起火点的最佳路线，为救火灭火赢得时间。

（3）火灾仿真模拟

根据火场传回的气象信息、火场与火场周边的信息同指挥调度信息以及各种专题信息进行叠加分析，预测在该条件下一个时间段（几十分钟或几个小时甚至几天）后火场的范围，为制定高效的灭火方案和人员的疏散以及重要设施的保护争取时间。

6. 航空灭火设备物资组织

航空灭火设备物资，指航护工作中使用的各种仪器、设备、装备及用材等物资，以及相关的低值易耗品和森林消防人员个人随身携带的装备。

航空灭火是一项科技含量高、技术手段先进、风险性高的工作，依赖于各类设备物资的正常运转，一旦离开了这些设备物资，灭火工作将无从谈起。

（1）熟悉设施装备档案

为保证灭火方案的顺利实施，指挥调度人员要对本站的航空灭火设备、装备、物资档案非常熟悉和了解，确保在关键时刻能够拿得出、用得上，从容组织、协调航空灭火工作。所有的设施、装备物资应建立档案，对物资的拨入、采购、使用、调出、报废进行详细记录；平时还要定期对所有设备、装备进行实地盘点，将相关减损情况及时汇报，根据具体情况进行档案变更处理。

（2）督促检查化学灭火有关工作

①航前检查各种成分药剂的库存数量与质量，计算航期的预计消耗量，提出药剂的购置计划。

②对各种成分药剂进行保管、粉碎、运输、搅拌、加药、放药的各种设备的检修和保养。

（3）协助制定航空灭火器材采购方案

根据设备物资档案记录，以及本护区火灾、火情历年的发生与扑救情况，协助航站物资采购部门制定器材采购方案，包括器材设备的名称、数量等。一般的采购器材包括便携式高压水泵、高压细水雾灭火机、背负式脉冲气压喷雾水枪、手电动高压灭火水枪、避火罩、油锯、便携式风力灭火机、防护服、大容量对讲机电池组等。

4.4.2.2　灭火期间调度工作

（1）载人巡护时发现火情

载人巡护发现林火时，由随机观察员决定是否实施航空直接灭火，并报航站调度室（基地值班室）。火情紧急时，可先将机降队员降至火场，水源条件具备时，立即实施吊桶灭火。并将情况及时报告值班调度，由调度通知火灾当地防火办。

（2）巡护时发现火情

巡护时发现火情，随机观察员将火场详细情况报告调度室，由调度室快速制定灭火方案，经领导同意后，下达航空直接灭火任务。

由于火场情况瞬息万变，执行灭火任务的随机观察员、火场指挥员到达火场上空后，要对火场进行全面侦察，观察好火场全貌、火势强度、风向风速、蔓延方向，确定重点扑救位置，随后实施直接灭火。

（3）地面报告的火情

对于地面报告的火情，按下列规则组织调度、指挥扑救：

①火场具体情况不明时，为了更有效地利用直升机有限的飞行时间，航站调度可先派巡护机对火场进行侦察，全面掌握火场情况后，再制定航空灭火实施方案；也可根据实际情况，安排直升机开展直接灭火。

②火场情况已明时，在水源条件具备情况下，若地面已有扑火队员扑救时，则实施吊桶灭火；地面无扑火队员扑救时，则实施机（索、滑）降加吊桶灭火。在水源条件不具备时，则实施机（索、滑）降灭火。

③同时有多个火场需要扑救时，安排直升机灭火的原则是：先重点后一般（如先针叶林后阔叶林），即危险性大，森林价值高的优先安排。当同时接到多个危险性大的火场时，则由森林航空消防指挥机构统一指挥。

④一个火场需机降（索、滑）多架次的，有中心机降队的先机（索、滑），无中心机降队的视情况而定。

（4）火场面积较大的火情

在扑救空中或地面报告的面积较大火场时，调度在运用地空配合时，还应注意以下问题：

①航站要抓住时机适时安排火场前线指挥部负责人乘机视察，为决策提供依据。同时要派人机降到火场进行地空联络，并对火场及扑救情况进行摄影、摄像，以更好地进行战例分析和宣传。

②在扑救过程中，需要直升机调集扑火队员增援时，由地面指挥员或空中观察员向航站值班室报告，值班调度员负责与有关防火指挥部联系，确定候机地点和人数，并把情况通报给航管部门、机组、观察员，认真组织实施。

③对当天未能扑灭的火场，地面指挥员和观察员都要提出新的扑救建议，若航站在火场有机降队，值班调度要与火场有机降队以及火灾当地防火办保持联系，随时掌握扑火动态，同时航站要做好次日赶早飞行的一切准备，直至火场扑灭。需要其他航站航空器增援时，及时上报总站，由总站统一调配。

④因扑火需要使用备降机场起降、加油、过夜时，当地森林防火指挥部、航站调度、机组的领导要共同积极协调，确保抢险救灾飞行。

（5）飞行协调

航空灭火期间，航站因受种种因素影响，航空器不能正常起飞，需总站出面协调时，总站调度应将情况了解清楚并及时报告，根据指示与空管等部门协调，将情况向有关单位说明，查清问题所在，并针对问题加以解决。当协调空管时，需要总站发函才能解决的，及时起草，经批准后迅速发往有关空管部门，并及时催办，直至收到复函；不需要发函的，电话催办，直至答复。

4.4.2.3 航后工作

（1）灭火报告的制定

灭火报告是在单个火场火灾扑灭后，对整个扑救工作系统、全面的技术总结。值班调度在收到飞行观察员的《扑火报告单》后，及时与指挥调度方案、灭火方案、协调工作情况一起，进行灭火效益分析、灾后损失评估，提出火场育林规划和下一步航空灭火工作的建议，制成灭火报告上报有关领导和部门备案。

（2）设备维修与保养

航期结束后，应清点各类工具，对机械设备进行维修与保养，清点各种药剂的库存量并妥善保管。

（3）作业现场清理

清理地面作业现场。总结工作，提出下一期准备工作的意见。

4.5 先进技术与设备的应用及培训

随着高新技术和先进设备在森林航空消防领域的应用，航空灭火调度指挥逐渐实现远程指挥、快速反应、高效执行，集多种功能于一体的综合性指挥调度平台。

4.5.1 计算机网络技术、通信技术的应用

（1）. 建立可视调度指挥系统

利用现代通信技术和网络技术，建立可视调度指挥系统。航站与省防火办及各地、市、县防火办建立可视调度指挥系统，通过该系统可实现人与人异地间面对面交流，上级部门通过视频可直接下达指示命令，召开视频会议，进行网络远程培训等。

（2）建立计算机网络信息系统

利用计算机、网络技术，实现网络间的交流和传递。航站与防火部门之间通过网络实现报表上报、信息处理、收发电子邮件、文件传递，影像资料的传输，还可以实现资源共享、省时省力、方便快捷，大大提高了办公效率；利用计算机、信息技术，合理组织实施飞行任务。通过接收气象部门发出的天气形势预报和火险形势的预报分析，有针对性地发布和组织实施飞行计划；根据卫星热点监测图像，可随时命令航空器起飞或改航进行热点核实，减少航空器的盲目飞行，提高火情的发现率和航空器的利用率。

（3）建立电子档案数据管理系统

利用计算机技术，可以将资料信息（文字、图表、影像等）输入到计算机中，建立电子档案，这样便于资料的存贮、查询和管理。还可以将各类资料分门别类，建立飞行灭火管理信息库。利用数据库为实施防灭火飞行提供科学依据，如飞行数据、地形数据、兵力部署数据、扑火设施数据、气象数据等。

4.5.2　"3S"技术在调度指挥系统中的应用

"3S"技术是以遥感(RS)、全球定位系统(GPS)和地理信息系统(GIS)为基础，将这3种技术领域中的有关部分与其他技术(如网络技术、通信技术等)有机地结合，形成一项新的综合技术，该技术已在航空灭火调度指挥系统中得到较好应用。

(1)航灭航空器动态跟踪指挥管理

利用 GIS 与 GPS 相结合，可将航空器行进的轨迹、速度以及所处的位置在地理信息系统中直观地显示出来，调度指挥员便可根据 GIS 系统中相关信息，安全有效地指挥航空器；也可以为机上观察员、飞行员提供航空器所处位置的气象信息、地形地貌信息、扑火设施及扑火队伍分布信息、机降场地和社会情况信息等，使航空器快速、安全、高效地完成各种飞行灭火任务。

(2)林火监测

目前我国的森林火灾监测主要有卫星探测、航空器巡护、地面巡护瞭望等方法，将GIS 和 GPS 相结合，利用航空器(无人驾驶航空器)机载红外探火设备监测森林火灾已被国外一些发达国家所应用。工作时机载红外摄像机和可见光摄像机所拍摄的地面图像，经机载传输系统实时地传输到地面指挥控制系统，将可能的热点和火点显示在控制中心的地图上，经过识别系统确定是否为火点，并对火点进行精确的定位。当该航空器在火场上方飞行时，还可将火场轮廓、面积、地形地貌等数据实时传回地面控制中心，监测林火发生和火场发展动态，为调度人员指挥飞行灭火提供可靠信息。

(3)火场态势的实时跟踪和发展趋势预测

发生火情时，应用3S 技术，用机载摄像机在空中将火场态势和扑救情况的动态图像实时地传送到指挥中心，并显示在屏幕上，调度指挥人员可随时掌握火场动态及林火扑救情况。利用地理信息系统调出存储的地形数据、属性数据，结合气象因子和火场因子，输入火情发生的时间和位置，利用火行为模型，可以在专题地图上显示出未来时间内火场变化的趋势，进行林火发展形势预测。

(4)火灾损失评估

GIS 可以将遥感图像与已有的各种专题地图叠加在一起，可将图像上火点的位置在地图上准确定位，并反映出周边的资源信息、社会经济状况。通过过火面积、蓄积损失、经济损失及在扑火过程中的各种经济投入，可以对火灾经济损失进行评估，直接计算出火灾的直接损失、间接损失以及造成的后果等。

4.5.3　航空灭火指挥调度培训

森林航空消防是一门综合性学科，既有自然科学知识，又有社会科学知识。做好森林防火值班调度工作，必须要掌握和了解林火预防、林火监测、林火扑救、航空灭火、林火气象、信息通信、地理信息、公文写作等专业知识，了解本地区防火的历史，各类扑火队伍的布防，道路交通等情况。只有熟练掌握这些知识，并运用于实际工作中，做到理论与实践的有机结合，才能做好值班调度工作，才能在实践工作中有所创新和发展，更好地为森林航空消防事业服务。

森林航空消防调度培训主要课程设计应包括：林业的有关政策和法律法规、国内外林火管理概况、森林防火行政管理、森林防火基础理论知识、林火扑救原理与组织指挥、扑救森林火灾战例分析和安全扑救森林火灾案例评析、航空灭火基本知识、扑火通信、森林火灾应急预案的制定和森林火灾应急响应机制的制定等。

4.6　常用报表

4.6.1　常用报表

报表是调度开展日常工作的主要信息载体，是站领导进行有关决策的依据之一，也是航空灭火档案资料重要的原始凭证。下面以某航空灭火总站常用报表为例，对有关报表的填写和使用加以说明。

（1）《飞行日报》填写规范

××航空护林飞行日报表

上报日期：　　　　　　　　　　　　　　　　　　　　　　　　　　　　上报人：×××

序号	机号	机型名称	发现火场数	发现火场编号	扑救火场编号	飞行任务	起飞时刻	落地时刻	飞行时间	观察员	随机人员	日租	飞行架次	航线	数量	单位	备注类型	备注说明

①上报日期　填写报表的日期，格式为 YYYY-MM-DD，如：2003-03-03。

②上报人　填写报表人的名称。

③机号　执行本次飞行任务的航空器机号，为航空器机身上的数字编号，如：7071、3721 等。

④机型名称　执行本次飞行任务的航空器机型，用大写字母加数字表示，中间用"-"连接，如 M-18、Y-12。

⑤发现火场数　填写本次飞行时航空器发现的林火数量，没有发现林火时，填0。

⑥发现火场编号　用本站代码加三位数字表示，按顺序编号，如：双流站的代码为"SL"，其发现的第一个林火编号为SL001。假如一次发现两个以上林火，则火场编号之间用"、"号隔开，如：SL001、SL002。

⑦扑救火场编号　填写被扑救的火场编号。编号规范同上，假如一次扑救两个以上林火，则火场编号之间用"、"号隔开，如：SL001、SL002。

⑧飞行任务　直升机可填写的任务有无任务、调机、定检、机降、索降、滑降、吊灭、巡护、载巡、侦察、训练、待命、其他等13项任务；固定翼可填写的任务有无任务、调机、定检、巡护、侦察、待命、其他等7项任务。

⑨起飞时刻　填写航空器起飞时机轮离地的时刻，用 24 小时制表示，如：11:30。

⑩落地时刻　填写航空器落地时机轮接地的时刻，用 24 小时制表示，如：15:55。

⑪飞行时间　填写落地时刻与起飞时刻相减的差，如：1:55，为本架次的实际飞行时间。

⑫观察员　填写执行本次飞行任务的观察员代号，用航站代号加两位数字表示，如双流站的一号观察员为 SL01。

⑬随机人员　填写随机执行本次飞行任务的主要人员姓名。

⑭日租　填写数字，给一个日租填 1，不给填 0，倒扣填 –1。

⑮飞行架次　填写数字，通常为 1 或 0，一个架次即航空器起飞和落地一次，一个架次对应一项任务。有飞行就填 1，没有飞行则填 0。

⑯航线　填写航空器执行任务时的航线。固定航线为航线代号；临时航线可用较大转点的名称来描述，如：双流—新津—简阳—成都。

⑰数量　填写航空器执行机（索、滑）降和吊桶灭火任务时的人数、洒水桶数；投撒传单时，还应填写投撒数量，没有则填 0。

⑱单位　填写与数量对应的单位，分别为人、桶、万份。

⑲备注类型　航空器调到机场的当天填"调机调入"，平日填"无"，航期结束的次日（航空器调出机场当天）填"调机调出"。

⑳备注说明　主要填写计划取消原因或投撒传单的数量。

（2）《林火动态》填写规范

××航空护林林火动态表

填报时间：　　　　　　　　　　　　　　　　　　　　　　　　　填报人：×××

火场基本情况	火场编号		发现方式	
	火场名称		发现时刻	
	火场位置		发现时过火面积（亩）	
	行政区域		发现时有林地面积（亩）	
	森林类型		主要树种	
	通知当地			
	备注			
火场观察情况	机型		过火面积（亩）	
	机号		有林地面积（亩）	
	观察员		地面风向风速	
	观察时刻		火势	
			燃烧类型	
	林火燃烧情况			
	地面扑救情况			
	空中扑救措施			
	扑救建议			

（1）火场基本情况部分

①填报时间　填写报表的时间，格式为 YYYY-MM-DD，如：2003-03-03。

②填报人　填写填报人的姓名。

③火场编号　用本站代码加三位数字表示，按顺序编号，如：双流站的代码为"SL"，其发现的第一个林火编号为 SL001。

④火场名称　填写火场的最小地名，如：东升。

⑤火场位置　填写火场的经纬度，用数字和"/"分隔符号来表示，"/"前面为经度，后面为纬度，如：120523/223405。

⑥行政区域　火场所处的行政区域，用地（州、市）、县（市）两级名称表示，如成都市双流区。

⑦森林类型　火场内的森林类型，主要有针叶林、阔叶林、针阔混交林和灌木林、乔灌混交林等类型。

⑧主要树种　火场内被害树种中所占比例最大的一种，如：松木。

⑨发现方式　有 3 种，分别为：卫星、空中、地面。侦察卫星热点发现的填"卫星"，航空器发现的填"空中"，地方防火办报告的填"地面"。

⑩发现时刻　卫星发现的填卫星监测到的时刻或接到防火办报告的时刻；空中发现的填观察员第一次看到火场的时刻；地面发现的填接到防火办报告的时刻。

⑪发现时过火面积　卫星发现的填航空器侦察卫星热点时发现的面积；空中发现的填观察员第一次看到火场时的面积；地面发现的填防火办报告的面积。

⑫发现时有林地面积　卫星发现的填火场过火面积中有林地的面积；空中发现的填火场过火面积中有林地的面积；地面发现的填防火办报告的有林地面积（报告的就填，没有报告的可不填）。

⑬通知当地　填写空中发现火情后通知当地防火办的时间和部门，如：12:30 通知双流县防火办。

⑭备注　填写起火原因、熄灭时间等，知道的就填，不知道的不填。

（2）火场观察情况部分

①机型　执行本次飞行任务的航空器机型，填写规范与《飞行日报》相同。

②机号　执行本次飞行任务的航空器机号，填写规范与《飞行日报》相同。

③观察员　执行本次飞行任务的观察员编号，填写规范与《飞行日报》相同。

④观察时刻　本次航空器飞到火场上空观察的时刻。

⑤过火面积　本次航空器观察到的火场过火面积。

⑥有林地面积　本次航空器观察到的火场有林地面积。

⑦地面风向风速　火场的风向风速，风向为风的来向，用东、南、西、北、东南、东北、西南、西北 8 个方位表示；风速用 m/s 表示。如：西北风 5m/s。

⑧火势　填写强、中、弱三种类型之一。

⑨燃烧类型　填地表火、树冠火、地下火三种类型之一。

⑩林火燃烧情况　填写火头数、火线长度、发展方向等。

⑪地面扑救情况　填写有无人扑救情况，知道的或能看清楚地面情况的就填"有人扑

救"或"无人扑救",若有人扑救的还要填写地面出动人数、车辆和兵力部署等情况;不知道或看不清地面情况的就填"不详"。

⑫空中扑救措施　填写航空直接灭火情况,如:机(索、滑)降和吊桶灭火或机降加吊桶灭火等(包括架次、飞行时间、人数、桶数)。

⑬扑救建议　一是简述火场周边情况,如:公路、河流、水源、村庄、建筑、设施及其他自然情况等。二是危险性预测,如:若不及时扑救,将会威胁到军火库、村庄或原始林。三是提出扑救建议,如:在哪个方向上人或开防火隔离带;若地面无人扑救,航站采取了空中直接灭火,但尚未扑灭,可建议地面派人增援。

(3)《明日计划》填写规范

××航空护林明日计划表

填报日期:　　　　　　　　　　　　　　　　　　　　　　　　填报人:×××

序号	机号	飞行任务	观察员	随机人员	起飞时间	航线

①填报日期　填写上报日期。

②填报人　填写上报人姓名。

③机号　填写明日即将执行任务的航空器机号。

④飞行任务　填写明日即将执行的任务。

⑤观察员　填写明日即将执行任务的观察员代号。

⑥随机人员　填写明日随机执行任务的人员姓名。

⑦起飞时刻　填写明日即将执行任务的航空器计划起飞时刻。

⑧航线　填写明日即将执行任务航空器飞行的航线。

(4)《计划调整》填写规范

××航空护林计划调整表

填报日期:　　　　　　　　　　　　　　　　　　　　　　　　填报人:×××

序号	机号	飞行任务	调整类型	观察员	随机人员	起飞时刻	调整原因	航线

当《明日计划》由于某种原因不能执行需要作调整时,调度人员应该填写一份《计划调整》报表上报总站。

①调整类型　填写"一般调整"和"停止飞行","一般调整"为改飞其他航线时填写,

"停止飞行"为由于天气原因或航空器故障、空管原因等航空器不能起飞时填写。

②调整原因 填写改变飞行计划的原因。

（5）《临时计划》填写规范

××航空护林临时计划表

填报日期： 填报人：×××

序号	机号	飞行任务	观察员	随机人员	起飞时刻	飞行原因	航线

当有临时飞行任务时，调度人员应及时填写一份《临时计划》报表上报总站。填写规范同《计划调整》，在此不再赘述。

（6）《日报补报》填写规范

××航空护林日报补报表

上报日期： 上报人：×××

序号	机号	机型名称	发现火场数	发现火场编号	扑救火场编号	飞行任务	起飞时刻	落地时刻	飞行时间	观察员	随机人员	日租	飞行架次	航线	数量	单位	补报日期	备注类型	备注说明

《日报补报》和《飞行日报》报表样式几乎一样，填写规范也与《飞行日报》相同，只是多了一个"补报日期"。"补报日期"为你所要补报日报的日期，填写规范同"填报日期"。

（7）《事务电报》填写规范

××航空护林事务电报表

填报日期： 填报人：×××

序号	电报内容

①填报日期 填写规范与《飞行日报》相同。

②填报人 填写规范与《飞行日报》相同。

③电报内容 填写需要向总站汇报的内容，用文字说明。

4.6.2 资料收集与积累

资料的收集和积累是开展森林航空消防工作的基本要求，各种原始记录是进行森林航空消防工作的重要依据，站调度应负责对本站的资料进行积累、收集整理、统计分析、上报并管理。

收集资料范围至少应包括：

①国家林业局有关森林防火的文件、规定、要求和方针政策等。

②租机合同及有关专项合同。

③航线图，森林火灾分布图等。

④机降、索降、滑降、吊桶等灭火手段的实施计划、经验总结、典型战例，地空配合扑灭火灾的实战经验总结等。

⑤飞行动态、林火动态、火场侦察情况汇报、飞行时间、火灾统计、火区档案、火场及巡护区域内调查和踏查原始记录等文字材料、图片及照片。

⑥天气、火险预报，当日天气实况、短期、中期、长期预报与有关资料。

⑦先进技术介绍，考察及学术、经验交流资料。

思考题

1. 森林航空灭火指挥调度有哪些工作原则？
2. 森林航空灭火指挥调度有哪些工作特点？
3. 森林航空灭火指挥调度主要任务是什么？
4. 航期调度工作的实施要注意哪些事项？
5. 灭火期间要做哪些调度工作？
6. 航后需要做哪些工作？

本章推荐阅读书目

1. 吴灵，王文无. 森林航空消防 [M]. 东北林业大学出版社，2009.
2. 赵正利，张宝柱主编. 东北航空护林志 [M]. 中国林业出版社，1999.

第5章

航空灭火技术

森林航空消防(也称为航空护林,包含有人工增雨、森林病虫害防治、飞播造林、森林防火等,现仅指森林防火扑火一项工作)是利用航空器对森林进行巡护、火情侦查、火灾监测及火灾扑救、物资及食物补给等一系列活动,是对森林火灾进行预防和扑救的先进手段和重要组成部分,是现阶段科技含量非常高的防火、灭火措施,是森林防火的"尖兵"。森林航空消防属于抢险救灾性质的社会公益性事业,是利用飞机对森林火灾进行预防和扑救的一种先进的重要手段,是森林防火工作的重要组成部分。森林航空消防依托通用航空行业,随着现在森林防火工作的发展,森林航空消防工作越来越广泛的发展。航护手段除初期的空中巡逻报警外,发展到机(索、滑)降灭火、吊桶灭火、机腹洒水灭火、空中指挥灭火、火场急救、火场服务(空投空运)、防火宣传等多种形式,为保护森林资源和生态环境、保护国家和人民生命财产安全、维护林区社会稳定做出了重大贡献。

森林航空灭火的方式除了伞降灭火方式外,还有投弹方式、喷洒(水或化学药剂)方式、机(索、滑)降方式、吊桶洒水方式、人工增雨方式。目前世界各国较普遍使用的方式是机(索、滑)降方式、喷洒方式和吊桶洒水方式。航空消防逐渐得到世界各国的认可和重视。森林航空消防作为一种现代化的森林防火、灭火手段,历经50多年曲折的发展历程,终以其顽强的生命力和空中优势,逐步为世人所认可,成了森林防火工作中一支不可或缺的机动力量和主力军。世界上第一架民用直升机执行的首次任务就是护林防火巡逻。美国、加拿大、俄罗斯等国家,发展航空工业较早且比较先进,也是世界上利用飞机为社会经济事业和人民生活服务、开展森林航空灭火较早的国家。1915年,美国华盛顿州林务局第一次使用飞机侦察森林火灾。1917年,美国农业部林务局开始使用飞机在加利福尼亚地区开展巡护飞行,这标志着美国第一次使用飞机进行森林防火。1924年,加拿大安大略省也使用飞机侦察火场。1931年,在格·格·萨莫依罗维奇和西勃鲁苗恩茨夫两位教授的倡导下,前苏联在下诺夫哥罗德(原高尔基市)试用飞机巡护森林。

航空器在森林火灾扑救及日常火情监测中表现出了许多优点,具有其他消防手段、灭火方法所不能代替的效果。优点主要表现在：①能及时发现和确定林火的位置、范围、火势，并能承担灭火指挥任务；②可迅速实施灭火或空投森林消防队员和物资，并可多次往返于火场与基地（或水源）实施连续灭火与补给装备和食物；③飞机从空中喷洒化学灭火剂和水，如同人工降雨，可有效的扑灭大面积火灾，尤其是对扑灭初期林火有显著的效果，如一架载重 4 500 L 灭火剂的直升机在低速飞行喷洒时，喷洒覆盖面积可达到 2 500 m^2 以上；④不受地面交通限制，消防队员不宜攀岩与扑灭的火灾，车辆和器材往往因交通限制而无法抵达发生于深山、峡谷中的火场，飞机则可以在空中任意往返而不受制于周围的环境。在这种情况下消防员直接徒步到达火场会把体力耗费在行程中和耽误最佳灭火时机延误火情，当达到火场时已疲惫不堪无力战斗；⑤空中巡护瞭望视野开阔，火情发现率高。巡护中能随时发现有效视距 30~50km 范围内的任何火情火灾，并迅速抵近侦查，主动发现率达 70% 以上；⑥空中侦察火情火灾有着无比优越性。用飞机高空俯视侦查火场，火场全貌尽收眼底，火场态势掌握准确，对灭火方案的制定及火灾扑救意义重大；⑦火灾综合信息传递高效无误。随时掌握火场现场详细信息，是扑救森林火灾的重要前提。在航空消防中的一系列的活动中表现和突出了航空器"快速、机动、灵活"的优点和"发现早、行动快、灭在小"的优势。

5.1　森林航空灭火的飞机类型

目前国外在森林航空灭火方面的研究和应用比较成熟。美国用于航空护林的中小型飞机达 300 多架，大型飞机 266 架。俄罗斯以航空巡护和航空灭火为主开展森林防火，63% 的森林资源采取航空手段保护，每年有 57.7% 的森林防火经费用于航空巡逻（10.5% ）和 Avialesoo khrana 航空护林部门（47.2% ），每年航空护林总飞行时间为 37 400 h，新型水陆两用飞机 BE200P 得到广泛应用，同时正在研发新型洒水系统和灭火剂。加拿大有 109 架大型洒水飞机和 49 架扑火侦察机，消防高峰期投入超过 300 架，CL-215/415 洒水飞机是主要机型，已在世界范围内广泛应用，其他还包括阻火剂喷洒飞机、监测飞机、空中指挥飞机等。澳大利亚航空灭火以直升机吊桶灭火为主。希腊在航空灭火方面投入了大量的财力，购买了大量的水陆两栖洒水飞机和超重直升机，雇佣私人飞机以及与军队联合增强航空扑火力量。德国航空灭火采用 C-160 型军用运输飞机，其有专用灭火设备，运输量高达 12 t。法国航空灭火采用 DC-6 型和 CL-15 型灭火飞机，DC-6 型使用外挂式水箱，飞行速度 460km/h，每次可装载 12 t 阻火剂，飞行 4~5h。日本扑救森林火灾主要使用消防直升机，国家自卫队飞机支援，主导力量是军用飞机。我国航空护林飞机大多为引进国外成熟技术改造生产的。

飞机机体由发动机、机身、机翼、尾翼和起落架 5 部分组成，发动机是主要部件，机身是骨架。按机体外部形状和灭火平台可分为固定翼机和直升机两种。航空灭火从飞机类型可以分为固定翼、直升机和无人机 3 种，从采用灭火材料的种类分为直接洒水灭火、喷洒化学剂灭火或是两者的结合。

5.1.1　固定翼飞机

固定翼飞机是指机翼位置、后掠角等参数固定不变的飞机，国内外市场上的固定翼飞机模型多为单翼、双翼飞机。固定翼飞机是指由动力装置产生前进的推力或拉力，由机身的固定机翼产生升力。当今世界的飞机，主要是固定翼飞机。固定翼飞机具有飞行速度快、续航能力强、飞行高度高、运载能力大、飞行姿态平稳、乘座舒适、使用经济等特点。飞机的机体结构通常包括机翼、机身、尾翼和起落架等。

固定翼飞机在航空消防中的优点：①速度快目前喷射式固定翼飞机的巡航时速能达到900km/h 左右，在飞往火场与机场之间耗费时间短，能有效地把握有效灭火的最佳时间；②机动性高，航行时间长。固定翼飞机飞行不受高山、河流、沙漠、海洋的阻隔，能任意自由航行；③载重量大。美国研发的波音 747 超大型航空消防飞机，最大负荷可达 60 ～75t，曾经参加了以色列森林大火的扑救。目前森林航空消防固定翼灭火飞机的喷洒系统有 4 种类型，分别是变速喷洒系统、恒速喷洒系统、压力喷洒系统、传统喷洒系统。

固定翼飞机具有自身价格昂贵、消耗油料多、受天气情况影响大、起降场地要求严格等局限性。虽然现在航空技术已经能适应绝大多数气象条件，但是比较严重的风、雨、雪、雾等气象条件仍然会影响飞机的起降安全。大部分固定翼飞机都需要在机场升降，需要有较长的跑道供起降，对起降的条件要求比较苛刻。

为扑救森林火灾，加拿大特别研制的水陆两栖飞机在扑救林火取得了非常好的效果。这种飞机不仅装载量大，而且实施喷洒—汲水—喷洒循环作业的时间较短。它可在火场附近天然的或是人工的水体表面降落，只需要在水面上滑行一段距离，用大约几秒至几十秒的时间即可将机上的水箱装满。同时，也可飞回机场装水或是化学药剂。目前，采用水陆两栖飞机来扑灭林火的国家已有 20 个。

固定翼飞机起飞降落需要大空间和跑道，往往不能在火灾现场起降，但其速度快、航行时间长、载重量大等性能和特点对森林火灾的扑救显示了强大优越性。目前常采用伞降的方式空投兵力和物资。由于固定翼飞机负荷量大，一次载水达几十吨，用其设置防火隔离带具有较快和较好的效果。用化学药液灭火比用水灭火效果高 10 倍，能扑灭高强度火，且不易复燃，具有灭火速度快、效率高的优势。当化学药液与航空结合后发挥了更强大的作用。我国航空巡护主要在东北、内蒙古和西南林区重点开展，所用机型主要为 Y-5 型，随着航空护林事业的发展，逐渐使用 Y-11、Y-12 等型号飞机。Y-5 型为多用途轻型飞机，可用于航空护林的各个方面，其结构简单，但载量小、抗风力差。Y-12 型是原哈尔滨飞机制造厂研制的轻型多用途固定翼飞机，最大航程 1 400km，最大巡航速度 290km/h。2007 年，西南航空护林总站使用改装后增加 1.5t 水箱的 Y-12Ⅳ型飞机进行航空洒水灭火。"水轰五"型飞机由中国特种飞行器研究所设计、哈尔滨飞机制造公司试制生产，水箱最大容量 8.3t，以 100km/h 的速度在水面滑行 15s 即可吸满水箱，升空后在 50～100m 高度 2～3s 时间内即可将水全部洒完，洒水面积为 20m×200m。目前我国自主研发并投入使用的蛟龙-600 是世界上最大的水上飞机。

5.1.2　直升机

直升机主要由机体和升力(含旋翼和尾桨)、动力、传动三大系统以及机载飞行设备等组成。旋翼一般由涡轮轴发动机或活塞式发动机通过由传动轴及减速器等组成的机械传动系统来驱动，也可由桨尖喷气产生的反作用力来驱动。直升机的头上有个大螺旋桨，尾部也有一个小螺旋桨，小螺旋桨为了抵消大螺旋桨产生的反作用力。直升机发动机驱动旋翼提供升力，把直升机举托在空中，旋翼还能驱动直升机倾斜来改变方向。螺旋桨转速影响直升机的升力，直升机因此实现了垂直起飞及降落。直升机由于可以垂直起飞降落不用大面积机场，具有机动灵活、反应迅速、适于低空和超低空抵近飞行、能在空中悬停等特点。直升机的飞行受空气密度的影响。高原地形的影响也很大，本身海拔高会使直升机发动机缺氧力量不足而减载。发生森林火灾后，局部范围天气具有不稳定性，形成局部小气候，瞬息万变，乱流较强，给飞行带来困难，在火场上空烟区里飞行，直升机发动机更易缺氧，会因窒息造成坠落，这些情况下飞行难，航空直接灭火更难。直升机的应用也是经过了一个过程，1947 年，美国第一次使用直升机参加扑救发生在南加州的森林火灾，取得了很好效果，在世界上开创了使用直升机灭火的先河，直升机开始正式进入森林消防领域。由于直升机的突出优点并且是其他飞行器难以实现或不可能实现的，所以受到广泛应用。

5.1.3　无人机

无人机(unmanned aerial vehicle)是一种由无线电遥控设备或自身程序控制装置操纵的无人驾驶飞行器。20 世纪 20 年代最早出现，当时是作为训练用的靶机使用的，是一个许多国家用于描述最新一代无人驾驶飞机的术语。从字面上讲，这个术语可以描述从风筝、无线电遥控飞机到 V-1 飞弹发展来的巡航导弹，但是在军方的术语中仅限于可重复使用的比空气重的飞行器。无人机在航空护林中对火情侦查得到了广泛的应用。无人机主要应用在火灾前后的观察、拍摄和记录，目前主要用在火灾前期。无人机的应用很大程度上缩减火情侦测成本、提高侦测效率。无人机在森林消防中的应用是刚刚起步，也是未来发展的一个重要方向。无人机可以穿过高温进入高强度林火进行观察从而能精确知道火情，对做出正确决策和制订灭火计划会起到重要的作用。

5.2　航空灭火方式

水作为廉价的灭火剂，遇火转化为蒸汽时能迅速吸收大量的燃烧热，使可燃物冷却，并增加可燃物的湿度，防止火灾复燃；能直接扑灭林火或降低火强度，为扑火人员接近火线灭火创造条件，且对环境无污染。水是扑灭森林火灾最好的灭火剂，但目前航空洒水灭火的利用率和灭火效率不高，提高水灭火利用率是未来研究和发展的方向。新型机载细水雾灭火弹、细水雾灭火系统的灭火效果好，水利用率高且无污染，在有限的航空运载能力下能够带来更高的灭火效率。根据细水雾的产生和灭火原理，采用爆轰的方式并将其分布在整个火场空间内，通过火场模拟选择细水雾合适的散布位置及散布形态，设计特殊引信以确保灭火弹能在理想的高度引爆使产生的细水雾达到预期的分布效果，探索灭火弹储运及投掷方式，确保灭火弹处于良好状态及综合效能最佳，对遏制成灾的森林大火、降低火灾损失具有重要的意义。

5.2.1 吊桶灭火

吊桶灭火就是利用直升机外挂吊桶载水或化学药液直接喷洒在火头、火线上或者喷洒在火头、火线前一段距离的未燃林分，以扑灭林火或阻隔林火发展、蔓延的一种扑救森林火灾的方法，是一种利用航空手段直接扑灭森林火灾的方法。吊桶灭火的特点是取水方便、受水源影响条件较少。吊桶载水可以灭火又可作为消防队员的生活用水或间接灭火用水。吊桶可以由飞行员直接控制，能很好地把握火头及火线位置，喷洒位置较准确、灭火效率较高。在我国南方森林航空消防工作中的航空灭火方式主要是直升机吊桶载水灭火。

吊桶灭火主要用于控制蔓延较快的火头和距离灭火队员较近、火强度较大的火线，减缓林火蔓延速度、降低林火燃烧强度，配合地面消防队最终彻底扑灭火灾。对于面积较小的初发火、火强度较小的地表火，吊桶灭火也可以实现单独扑灭明火。

5.2.1.1 直升机吊桶灭火的基本特点

（1）使用直升机作为运载工具

航空洒液直接灭火包括直升机洒液和固定翼飞机洒液，两种飞机都可使用水箱载水，但只有直升机能够使用吊桶飞行，吊桶灭火飞行只能由直升机作为运载工具。

（2）飞行科目复杂，包括悬停取水、吊挂飞行、空中投洒等项目

直升机执行吊桶灭火任务过程中要多次进行取水，中间涉及起飞、降落等科目要连续进行。在吊桶灭火飞行过程中，不同于一般的飞行，即由于吊桶与飞机是绳索连接，受飞行速度和气流的影响，吊桶在空中摆动，影响飞机的操控性，增加了飞行的难度。洒水过程中要减速降低高度以接近火线，林火形成的对流烟柱和直升机产生的涡流会形成乱流，对飞行产生较大影响。同时洒水过程中由于瞬间飞机重量发生变化，也会有超重和失重感。故直升机吊桶灭火涉及的飞行科目多，也比较复杂。

（3）洒水灭火操作专业

由于吊桶灭火不同于一般的飞行任务，既要保证飞行安全，又要保证灭火效果，吊桶操作必须由有理论知识和实践经验的工作人员担任，具有专业性的特点。

5.2.1.2 吊桶灭火的优势

（1）居高临下，直接投洒

飞机吊桶灭火不需要使用水泵和水枪等工具，载水到达火场后可自上而下对林火直接投洒，能够对正在燃烧的可燃物进行立体覆盖，既能提高水和灭火剂的利用率，又能保证灭火效果。

（2）行动迅速，机动灵活

飞机吊桶灭火相对队伍在地面开展的以水灭火方式具有速度快的优势，更容易实现"打早"和"打小"。飞机是在空中运动，在同一架次中可以对整个火场多个部位作业，具有机动灵活的优势。

（3）运载能力强，运水量大

直升机吊桶载水量从 1.5～15t 不等，相对于人力、畜力和其他运水机具来说，向火场运水能力较强，可以提高灭火工作效率。

（4）不受交通条件和地形制约，载运快速

由于飞机是在空中飞行，取水后可直接到达需扑救的火线或火头，在森林航空消防工作中，平均每 3～5min 就可完成一桶取水、洒水，所以说具有载运快速的优势。

（5）扑救面大，火场单位面积受水量大

飞机洒水都是在飞行中进行，相对地具有一定的高差，所以具有洒水面大，水量均匀的特点，在地面形成的水带长度从 30～300m 不等，这些都是地面人员使用水枪及水泵等扑救手段无法相比的。

（6）作战能力强，可直接扑打地面人员无法直接施救的火头火点

据测算，中等强度以上的林火，人员实际是无法接近火线实施灭火作战的，飞机则可以利用空中作业的特点对高强度的树冠火直接扑救，具有作战能力强的优势。

5.2.1.3　吊桶灭火的原则

（1）保证安全

就是必须的保证飞行安全的前提下才能进行吊桶灭火各个环节的工作，如不具备安全飞行条件，则不能要求机组人员冒险实施吊灭火作业。

（2）突出重点

对于火场中要重点防范的部位或改变火场战局形势的部位，应优先、重点实施航空直接扑救。

（3）高效准确

由于飞机吊桶灭火多数针对地面灭火队伍难以直接处置的火线，如高强度的火线或蔓延速度快的火头，这些部位可能随时影响到整个火场态势，直升机吊桶洒水必须要保证准确率和灭火效果，这样才能加快火灾的扑救进度。

（4）地空联动

直升机吊桶洒水虽有地面部队无法取代的空中优势，但由于其作业有高空和高速的特点，所喷洒的水可能受气流、风向和地形的影响，不一定能将林火完全扑灭。所以，在吊桶灭火时需与地面部队协同作战，即实施吊桶洒水后，地面灭火队员要及时跟进，以继续扑灭受到压制的火线或清理余火。

5.2.1.4　实施吊桶灭火的条件

根据火情，选择和实施灭火方法，迅速出航抵达火场进行扑救。就吊桶灭火而言，对火场洒水数量越多，并且先后洒水架次的时间间隔越短，越有利于扑灭林火。因此，在选择吊桶灭火方法前，除考虑火情外，还要考虑水源距火场的距离、火场距基地的距离、当时环境条件下飞机的续航时间等因素，根据这些条件，预算在续航时间内对火场能实施洒水的数量及先后洒水时间间隔，以确定是否实施吊桶灭火。灭火方法选择是否适宜，直接影响到能否及时有效地扑灭林火。有的火场不宜实施吊桶灭火，不能充分发挥吊桶灭火作用，达不到理想的灭火效果。

5.2.1.5　影响吊桶灭火效果的因素

（1）飞行高度

洒水时的飞行高度越高，水液飘移越多，单位面积上受液量减少，灭火效果不佳，不利于及时扑灭林火。吊桶灭火实践证明，洒水时飞行高度（真高）在 50m 以下时，灭火效

果较好。

（2）有效作业时间

有效作业时间是指在续航时间内除去往返机场和野外着陆挂桶的时间以外的剩余时间，有效作业时间充裕，有利于吊桶灭火的实施。

（3）水源距火场距离

水源距火场远，先后洒水时间间隔长，不利于及时控制林火。就中型直升机实施吊桶灭火作业看，水源距火场20km范围内较适宜，超过20km则吊桶灭火作业效果明显降低。

（4）洒水时的航向

洒水时航向与火线方向一致，则扑灭的火线就长；洒水时航向与火线垂直，扑灭的火线就短，灭火效率就不高。

（5）风向和风速

若火线与风向一致时，航向对正火线，顺风或逆风洒水都能稳妥地洒到火线上，若火线与风向不一致时，航向对准火线洒水就会受风力的影响使液体飘移火线，起不到灭火的作用，因此，侧风洒水时，要修正航向，才能准确洒到火线上。

5.2.1.6　吊桶灭火的实施

（1）飞行准备阶段

首先要了解掌握火情，根据火场前指扑救要求，与飞行机组商定灭火飞行目标；第二，熟悉火场地形、地貌，初步确定飞行方案；第三，根据火场距机场距离测算飞行时间，根据作业区域情况选定取水点；第四，根据火场海拔和飞机性能调整桶容积，并对吊桶进行检查测试；第五，确定飞机的加油量，做好飞行其他相关各项准备。

（2）灭火作业阶段

飞机到达火场后应对火场进行空视、侦察，确认吊桶灭火作业点后向火场前指进行通报。吊桶灭火作业主要分为以下三步：

①取水作业

a. 选择水源。吊桶灭火要取得成功，除了要有适合的机型、吊桶等必备条件外，还要考虑火场条件及取水水源条件，水源条件应符合以下要求：一是净空条件良好；二是水域面积足够；三是水深足够；四是水中无障碍物；五是水源海拔适宜。取水点一旦确定，如无特殊情况不要轻易变化调整。

b. 取水。正常情况下，应选择逆风方向进入取水。取水位置应和岸边的各种设施、人员及水域内的船只有足够的安全距离。当飞机在水面悬停稳后即可下降高度取水，在取水过程中要严密观察取水情况及飞机周边情况，如有异常要立即通报机长。当直升机提升吊桶离开水面后，观察员要关注取水情况，桶中有无异物及桶外部是否有拖拽物，根据情况判断是否重新取水。

c. 离开水源地。取水成功后，飞机要按预定的脱离通道离开水源地，其爬升通道内应保证大于500m，且出角20°内的范围内净空良好，风向稳定。如果在机群灭火作业期内，飞机脱离取水点需向指挥机报告。

②洒水作业　飞机挂载水吊桶到达火场准备洒水作业前应观察火场，关注飞机灭火点的火势、地形和风向，根据情况建立灭火航线，一般按逆风方向接近火线，降低飞行速度

和高度，对准火线(也可根据火场风向和风速调整航线)洒水。

③撤离　飞机洒水后要立即增速提升高度，脱离火区，观察员要关注洒水情况，并同地面指挥员联系掌握洒水的效果和其他的扑救要求。

5.2.1.7　实施吊桶灭火的注意事项

①提前对吊桶设备进行检查并通电测试。

②在进入火场前一定要观察作业区的地形，做到进入退出路线明确。

③洒水时禁止进入烟区作业。

④切忌强迫机组执行任务。

⑤加强与地面指挥员的沟通和联系。

5.2.2　索(滑)降灭火

索(滑)降灭火是利用直升机作载运工具，从悬停的直升机上，通过绞车装置、钢索、背带系统或滑降设备(包括主绳、下降悬停器、安全带、自动扣主锁、手动扣主锁、扁绳套等)将扑火队员降至火场附近，直接参加灭火，或在短时间内迅速开辟机降场地，以便使大批机降队员能够直接参加灭火战斗。

与机降不同，索(滑)降适用于直升机无法降落的情况下，从悬停的直升机上，通过索降绳、速控器、连接器、索降带以及辅助设备，将扑火队员迅速而顺利地降至火场附近参与灭火行动。

5.2.2.1　索(滑)降灭火特点

索(滑)降灭火是机降灭火补充，优点是不需要机降点，不足之处是技术要求较高，扑火队员必须经过严格训练才能实施。

5.2.2.2　索(滑)降灭火适用范围

索(滑)降灭火主要适用于山高、坡陡和林中平缓空地少、附近没有机降场地的森林火灾的扑救。既可用索(滑)降方式投送灭火队员参与灭火，也可用索(滑)降方式投送兵力开辟机降场地后实施机降灭火。采用索(滑)降灭火方式，重点是灭小火、初发火和打无人扑救的火，目标是实现"打早、打小、打了"。

5.2.2.3　索(滑)降灭火的准备

实施索(滑)降灭火作业的航空护林站要根据实际情况建造索(滑)降训练设施。训练设施包括：索(滑)降训练塔、保护沙坑或保护垫等。每年非航护季节，航空护林站要组织索(滑)降灭火人员进行严格的训练和考核。考核合格后，方可从事索(滑)降灭火作业。

执行航空护林任务的飞机进场后，航空护林站和机组要对飞机索降设施背带系统及滑索设备进行认真检查，消除设备安全隐患。同时要有计划、有目的地安排本场或模拟火场索(滑)降训练，便于索(滑)降队员熟练掌握索(滑)降程序，提高机组人员、索(滑)降队员的临战技术水平。

索(滑)降任务下达后，接受灭火或训练任务的机组、观察员、指挥员要共同研究制定飞行方案，检查飞机和索(滑)降设备。机组人员要根据火场索(滑)降作业距离、时间、天气等情况确定加油量和动载索(滑)降灭火队员的数量；索(滑)降队员要准备好灭火装备及各种用具并运送到飞机上；观察员要根据任务和调度员提供的情况进行地图作业，画航线、准备索(滑)降用具、通信工具、安全带等。

5.2.2.4　索(滑)降灭火的组织实施

　　航空护林站负责组织、指挥和实施索(滑)降灭火工作。组织和实施索(滑)降灭火的各类专业技术人员必须熟练掌握索(滑)降程序和操作技术。接受索(滑)降灭火或训练任务的机组、观察员、索(滑)降指挥员要共同研究确定飞行方案。机组要根据火场索(滑)降作业距离、时间、天气等情况,确定加油量和载运索(滑)降灭火队员的数量。索(滑)降队员准备好索(滑)降灭火的装备及各种用具并送到飞机上。观察员根据接受任务和调度员提供的情况进行地图作业,准备索(滑)降用具,做好索(滑)降的一切准备工作。

　　索(滑)降作业由随机观察员具体组织实施。观察员对索(滑)降设备使用中的安全事项进行检查,并对该设备的维护管理进行监督。观察员组织作业时应本着"安全第一"的原则,在实施索(滑)降过程中,一旦发现设备有不安全隐患,应立即停止作业,排除隐患。

　　飞机到达火场后,观察员同机组、索(滑)降指挥员共同寻找和确定机降(如有机降场地,则优先实施机降)或索(滑)降场地。选择索(滑)降场地应符合索(滑)降场地标准。选择好索(滑)降地点后,飞机在目标点上空悬停,开始实施索(滑)降。因林区对流和乱流中的升降气流起伏不定,索(滑)降时应把握好场地的区域气候特点,尽量加快下降(滑)速度,缩短直升机空中悬停时间。

　　执行索(滑)降任务的灭火队员,登机后应听从观察员的指挥,做好索(滑)降作业的各项准备,系好安全带,在指定位置依次坐好,整装待发。为确保安全,舱门打开时,观察员和等待索(滑)降的机降队员必须扣挂保险带,队员下降(滑)时方可解除保险带扣。队员离开机舱前,观察员应对其安全带及下降器的扣装进行严格检查,防止装错。下降器与主绳的扣装必须由随机的观察员操作。

　　索(滑)降队员由训练有素的专业灭火队员组成,其中1号队员为索(滑)降指挥员。指挥员索(滑)降时首先降到地面,索上时最后离开地面。每次索(滑)降结束时,指挥员负责回收全部队员的索(滑)降器材,按要求捆绑好后吊上飞机;每次索上结束后,指挥员要负责回收全部队员的索(滑)降器材,当面清点后交观察员,如出现缺损,必须记录清楚。

　　实施索降,机组机械师系好保险带与驾驶员保持密切联系的同时,打开机门,指令1号队员(即指挥员)进行索降,报告驾驶员索降开始,操纵绞车,控制升降速度,将索降队员安全降到地面,直至解脱索钩。解脱索钩后,索降队员要手握钢索,直至钢索上升,索钩高过头顶,以防钢绳交错。若实施滑降,机械员打开舱门后,观察员将滑降主绳一头按要求在飞机绞车架上系好,确认牢固无松动后,将另一头扔到地面。观察员扣好下降器与主绳的扣装后,指令队员迈出机门,确认安全无误后,解开队员保险带扣,队员控制下降器安全下滑到达地面。

　　观察员、机组人员和索(滑)降指挥员必须熟练掌握规定的手势信号,做出正确的反应动作。指挥员着陆后注意观察其他队员的情况,及时用正确的手势信号与机上沟通,并负责解脱索钩和牵引下滑主绳。

　　索降队员在进行索上时,应保持与悬停的飞机相对垂直,挂好索钩,避免起吊时人员摆动,造成事故。

机械员和观察员在索(滑)降和索上作业时，必须同飞行员保持密切的联系。索降队员到达地面后，指挥员没有打出索上手势时，不得收回钢索。滑降时，指挥员没有打出继续下滑手势时，不得放下队员下滑。

5.2.2.5　索(滑)降场地选择标准

索(滑)降场地能见度必须良好，机上人员能够清楚地看到地面，能见度不小于10km，地面无影响索(滑)降的障碍物。

阵风风速不得超过4m/s，最大风速不得超过8m/s。

南方林区受地形小气候和森林小气候的影响，飞机在空中悬停的平稳度较差，摆幅较大。因此，索(滑)降和索上作业时，林中空地面积不得小于15m×15m，以免飞机摆动时索(滑)降人员飘移碰撞树冠，造成人员伤亡或机械设备损坏。

为了保证索(滑)降队员到达地面后能够站立、行走，索(滑)降场地的坡度不得大于35°，索上场地坡度不得大于45°。严禁在悬崖峭壁上进行索(滑)降、索上作业。

索(滑)降场地应选择在火场风向的上方或侧方，避开林火对索(滑)队员的威胁。

飞机受迎风坡上升气流的抬举，呈上升之势，飞机受背风坡下降气流作用呈下降之势。因此，索(滑)降和索上作业时，应避开背风坡，以免下降气流使飞机急速降低高度而危及安全。一般可依火场烟的蔓延方向判断迎风坡或背风坡。

气温不超过30℃，顺风时距火线至少800m，侧风时距火线至少500m，逆风时距火线至少400m。

5.2.3　机降灭火

机降灭火是利用直升机作载运工具，将灭火队员快速运送到火场参与森林火灾扑救的方法，是实现"打早、打小、打了"的最佳手段。直升机将"全副武装"和训练有素的灭火人员，直接运送到火灾现场，以便在当地森林防火指挥部的统一指挥下，有组织、有计划地扑救森林火灾。机降灭火是森林航空灭火的主要方式之一，体现了森林航空灭火快速、机动、灵活的特点。机降灭火最突出的是快速，在这种快速的状态下为减少灾害节省时间，从而可以控制林火的不断蔓延。可以根据火场情况采用机降方式部署兵力，从而收到良好的效果。由于直升机在一定的高度和航程内受地形、地物、河流、路程的影响较小，因而机动灵活，可以按火场需要，调整兵力，堵截火头，确保重点，以做到有效地扑灭火灾。

美国在1947年、苏联在1956年在护林防火上使用了直升机，同时也就有了机降灭火。1976年，加格达奇航空护林站配备M-8直升机开展机降灭火。1977年春季防火期，加格达奇航空护林站在大兴安岭牙尼力火场对由森林警察组成的机动扑火队进行了多次机降，对灭火起到了重要作用。1980年，东北航空护林局在原空降灭火大队基础上，组建了我国第一支机降灭火支队。1987年大兴安岭"5·6"森林大火后，机降灭火得到了大力发展。机降灭火现已成为我国各航空护林站的主要灭火方式之一。

5.2.3.1　机降灭火的优势

①行动快，直升机出动快，能够迅速达到火场，抓住有利的灭火战机。

②居高临下，兵力部署合理。

③机动灵活，及时调整兵力。

④使扑火队员节省体力，保持旺盛的战斗力。

机降灭火重点扑救小火、初发火和地面扑火人员难以到达的火灾。

5.2.3.2 机降灭火的原则

实施机降灭火必须遵循以下五项原则：①"打早、打小、打了"的原则；②集中优势兵力打歼灭战的原则；③速战速决的原则；④抓住关键、抓住重点进行扑救的原则；⑤彻底清理火场的原则。

5.2.3.3 机降灭火的适用范围

①天然林保护区、自然保护区、生态旅游区、长防及珠防林、飞播林、风景林、水源林、经济林、更新林、人工林以及国家重要设施所在的林区等发生的火灾，根据情况可实施机降灭火。

②交通不便、人烟稀少、通信条件差的偏远林区或扑火力量较为薄弱、地面人员在较短时间内不能赶到的火场可实施机降灭火。

③火场距机场的距离，一般不超过120km。

④飞机执行机降任务载人量视火场海拔、气温、风速及飞机自身的运载能力而确定。

5.2.3.5 机降灭火的影响因素

①海拔高、气温高、飞机加油量多，严重影响直升机性能和载量时，不宜实施机降灭火。

②天气原因(有雷暴区、结冰区，云底高度在300m以下，碎云量7个以上，能见度3km以下)严重影响直升机性能和载量时，不宜实施机降灭火。

③机降点一般选择距火场直线距离在3km以内，过远不宜实施机降灭火。

5.2.3.5 机降灭火的实施

飞机到达火场上空后，应先侦察火场周围的地形、地势、环境等。机降时一定要注意保证飞机安全，机降点的位置若离火线火头太近，容易被火包围，离火线火头太远，扑火队员要徒步行军，造成体力消耗过大，不利于灭火战斗。因此，一定要根据情况合理选择距火场最近的机降点。

进行扑火兵力部署时，要根据火场实际情况，综合考虑各种因素，要有科学态度，切忌主观臆断。机降点之间应视火强度、蔓延速度、发展趋势、地形地势、扑救的难易而定，一般为2~4km。对火强度大、不易扑救的火线，机降点距离应缩短些。

在火场风大的情况下，一般不能把扑火队员机降在顺风火线下方，以免造成人员伤亡。降在逆风火线时，机降点距离火线应有100~200m的位置；降在侧风火线时，机降点距离火线应有300~400m的位置；因地形限制，只能降在顺风火线下方时，机降点距离火线应大于500m。

机降队员下飞机后，指挥员应根据火场情况确定扑火战术。扑火中要统一领导，精心组织，力争在短时间内把火灾扑灭。

对当天不能扑灭的火场，指挥员要提出新的扑救意见，要保持与基地的联系，及时报告火场扑救动态，当地要做好灭火后勤保障工作。

注意扑火安全，尽量避免伤亡事故的发生；明火扑灭后，要彻底清理火场，防止死灰复燃。

5.2.3.6　机降灭火队员的撤离

机降灭火队员撤离火场需经火场指挥员请示相关领导同意后方可实施。撤离前，应做好火场的交接工作，清点人员和物品。

火场撤离的原则：①林火已全部扑灭，确认不会复燃；②长时间扑火，需要调换扑火队员；③根据命令增援其他火场。

撤离火场方式：①飞机接回。一般在原机降点接人，如果在新的机降点接人，火场指挥员在确定好机降点位置后，做上较醒目的标记，并保持与机组随时联系。②汽车接回。火场距公路近，可由当地派车接回。③接回架次多时，也可将队员先用飞机接到就近公路，再由汽车接回。

机降灭火任务结束后，应及时进行经验总结，在肯定成绩的同时，找出存在的问题，以利再战。

5.2.3.7　乘机安全

风力灭火机所用燃料汽油与润滑油的混合剂极易燃烧，在飞行中，要将混合剂装入塑料桶内，密封桶盖，以免漏油；风力灭火机和油桶放在机舱尾部；登机时，风力灭火机不能加油，以免汽油在舱内挥发，危及飞行安全。

机降队员上、下飞机时，不能从直升机尾部下穿过，避免被高速旋转的尾桨击中，造成人员伤亡和尾桨损坏。机降队员上下飞机时，携带的各种扑火机器要提行，不许扛在肩上；要戴好或脱下自己的帽子，防止帽子被主桨翼产生的气流带起，吸入直升机气孔，损坏发动机叶片或打坏主桨翼。机降队员上下飞机时，观察员要维护好乘机秩序，指挥机降队员有秩序地快上、快下，消除人为危及飞行安全的隐患。机降队员上飞机后，按指定位置就坐，不能拉、碰机内带有红色标记的物体，不得在舱内吸烟或来回走动。

5.2.4　航空化学灭火

前苏联在 1932 年开始试验投放装有灭火剂或水的炸弹灭火，二次世界大战时中断了试验，1950 年后又开始了试验。这种方式后来逐渐被喷洒方式取代。随着空中喷洒技术与装备的不断发展，灭火飞机也由载液只有几百千克的小型飞机逐渐向中型和大型飞机发展。

航空化学灭火是利用飞机喷洒化学灭火剂对森林火灾进行扑救或阻滞火灾发展的一种航空灭火方法，是航空直接灭火的一种有效方法，对于交通不便，地面难以扑救的中、小规模的火灾，具有不可低估的作用和意义，是防止小火酿成大灾的有效灭火方法。即使对于面积较大的火场，也能通过喷洒灭火剂扑灭火头、火线或设置隔离带阻滞火灾发展，为地面人员扑火创造有利的灭火战机。

用化学灭火剂灭火比用水灭火的效果高很多倍，能扑灭高强度火灾。化学灭火的特点：①灭火快、效果好、复燃率小；②可以改变用人海战术的灭火作战状态；③可以大大地减少灭火的用水量。

航空化学灭火与机降灭火相互配合也可以直接扑灭较大的森林火灾，不必组织地面人员扑火。航空化学灭火配合机降灭火会使机降灭火如虎添翼，事半功倍。化学灭火、洒水与机降 3 种灭火方式的配合运用，会起到相互补充、相互完善，倍显成效的作用。

5.2.4.1　航空化学灭火的空中优势与不足

（1）航空化学灭火具有的优势

①出动快，飞机在接到扑火命令后可马上装载化学灭火剂组织起飞，不受地形限制，快速到达火场参与扑救。

②拦截火头和重要火线，遏止火灾的发展速度。

③喷洒隔离带或者扑救高能量火，降低火强度，为地面人员开展灭火行动创造条件。

④喷洒速度快，化学灭火多使用固定翼飞机，飞行速度快，单位时间内投洒次数多，药剂带较长。

（2）化学灭火方式存在的不足

①喷洒准确性难以把握。

②灭火效果不佳。成灾之后的林火空间范围极大，一般高度达到 $10 \sim 20m$，火线沿前进方向长度可达 $50m$，温度达 $900℃$。由于要保证飞机的安全，灭火时飞机只能在距火场上空一定高度进行作业，这就导致洒水高度较高，水在降落过程中受到火场上空强热气流的影响，一部分灭火剂在降落至火场的过程中受热蒸发或被吹散到火场以外，致使真正作用于火场的灭火剂量很少，灭火效果不佳。

③无法彻底扑灭余火和地下火，火场需地面进行清理看守。

④每次喷洒灭火剂后都返回机场加注，林火可能会在飞机往返间隙复燃，这就降低了飞机的灭火效率。针对机场距离火场一般较远的问题，可选用小型直升机作为森林航空灭火飞机，并在森林附近配置简易直升机机场；对飞机灭火后灭火剂补充难的问题，可以在灾害发生前事先将水箱、吊桶注满水，或直接做成机载灭火弹，飞机灭火后返航时直接更换水箱或装载灭火弹即可。

⑤须依托机场起降，并需要空中进行指挥，组织和保障难度大。

⑥灭火成本较高。

5.2.4.2　化学灭火药剂组成成分及灭火机理

（1）化学灭火药剂的组成成分

①主剂　目前使用的多为磷酸铵、硫酸铵、硼酸盐等无机盐类。

②增强剂（也叫助剂）　一种阻火剂中加入另一类化合物，能增强药剂阻火作用，如在磷酸铵中增加一定量的溴化铵，能提高磷酸铵的阻火效果。

③湿润剂　在水中加入湿润剂，降低水的表面张力，使水能很好地渗透到可燃物中。如林内有较厚的枯枝落叶和腐殖质层，或泥炭层，在清理火场、消灭余火和扑救地下火时，它都比用普通水优越。一般用皂类和洗衣粉做湿润剂可以提高阻火剂的渗透能力。

④黏稠剂　在水中加黏稠剂，能增加药剂的黏稠作用，使阻火剂或水均匀附着在可燃物的表面，不易流失，由于药液比水的效用大几倍，所以能增强隔火作用。用飞机喷洒化学药剂，加有黏稠剂时，在空中不易飘散，既可提高单位面积上的受药量，又有利于提高飞机喷洒的高度。

⑤防腐败剂　黏稠剂细菌容易侵入，使药剂的黏度迅速下降而变质。如在药剂中，加防腐败剂，可预防变质。

⑥防腐剂　使用磷酸铵和硫酸铵等药剂时，对铝、铜、铁、锌及合金等均有腐蚀作用，影响用这类金属制造的喷洒机具和飞机等运载工具的安全和寿命。在药剂中加入防腐剂，如碘化物或氨基多元羧酸和他的盐类，就可以起到防腐蚀作用。

⑦着色剂　飞机喷洒药剂时，一般按药剂重量加 0.01%~1% 着色剂，常用的着色剂有酸性大红和红土等，以易于识别辨认和便于空中喷洒灭火时的衔接。

（2）化学灭火剂的灭火机理

灭火剂的灭火机理根据其效应可分为物理灭火机理和化学灭火机理两种。

①物理灭火机理

a. 覆盖可燃物。阻火剂或灭火剂的喷洒涂层，在加热时熔化热解，而熔融后的化合物在可燃物的表面上形成了一层玻璃状的防火膜。它一方面控制了木材热分解作用释出的可燃性气体和焦油，减缓了热分解反应速度；另一方面使空气隔绝，特别是氧气隔绝，使火焰窒息。

b. 吸热作用。许多灭火剂或阻火剂受热后发生热分解反应，而热分解反应需吸收大量热量，从而降低了燃烧物的温度。当温度低于着火燃点时，不能维持燃烧继续下去。

c. 气体稀释作用。灭火剂或阻火剂受热后分解出大量难燃性气体，如水蒸气、氨、氮、二氧化碳和氯化氢等气体。这些气体稀释了热分解反应放出的可燃性气体的浓度，使燃烧作用减缓或停止。

②化学灭火机理

a. 游离基机理。可燃物在林火高温的影响下，形成游离基，如—OH、—H、各种烃基游离基等。游离基一旦产生，能继续不断和其他可燃物反应，形成链式燃烧反应。当加入灭火剂时，它们也很容易均裂成游离基，生成的游离基与火焰中—OH、—H 等游离基作用，使后者消失，或者形成稳定游离基不能再起链式反应，从而减缓或中止燃烧作用，达到灭火目的。

b. 改变燃烧反应途径机理。很多学者认为化学药剂直接改变了木材的热分解和燃烧反应。若干化学药剂能促使纤维素完全脱水，仅留下焦炭，减少了可燃性气体和焦油的生成量，因此大大降低燃烧作用。

另外，也有的资料将化学灭火剂灭火机理总结为：覆盖原理、热吸收原理、体稀释原理、学阻燃理论和化物灭火原理。

（3）常用化学灭火剂种类

①按药效分类　可分为长效灭火剂和短效灭火剂。短效化学灭火剂主要是改变水性的化学药剂，根据需要使水稀释或增稠。长效化学灭火剂主要靠药剂进行化学反应灭火，水的作用在于将药剂混合成液体，并在喷洒时起载体作用。

②按剂型分类　有液体灭火剂、悬浊液灭火剂、乳浊液灭火剂、泡沫灭火剂、气体灭火剂、干粉灭火剂和块状灭火剂等。常用的为水剂，用灭火手泵、喷雾器洒布，也有制成灭火弹用手投、机械发射灭火、飞机喷洒灭火。泡沫灭火剂在国外航空扑灭森林火灾中的应用引人注目。与水混合的泡沫灭火剂喷洒到地面即形成可起生物降解作用的泡沫，覆盖在可燃物上，从而切断了氧气与可燃物的接触，在可燃物上形成隔热层。泡沫的作用是抗蒸发，增加湿度，直至将火闷熄。泡沫还可减少火场浓烟，提高火场的能见度。

5.2.4.3　航空化学灭火的组织实施

（1）成立化学灭火指挥部

化学灭火指挥部统一指挥航空化学灭火工作。下面分设地面加药组、航空指挥组、空中观察组、航空喷洒组等工作组，分别负责地面药剂搅拌，飞机的加药，飞机编队、起飞顺序、空中指挥、侦察火场、选点喷洒等工作。

（2）制订航空喷洒灭火方案

方案的确定，一般应该考虑火场面积、火线长度、火强度、火灾蔓延速度、火场离机场的距离、火场的山形地势状况、火场的植被情况及火灾的种类、气象条件、飞机的数量等。

（3）规定指挥层次、程序和通信联络渠道

指挥部、观察员、前线指挥部、机组等可通过各中转塔用对讲机联系，在火场可规定出一个火场专用频道、频率。

（4）召开有关化学灭火协调会

召开必要的化学灭火机群负责人协调会、联席会和机组飞行前的准备会、飞行后的总结会，以及时研究解决化学灭火飞行的有关问题，不断提高化学灭火效率。

（5）机群化学灭火作业实施步骤

①接到机群化学灭火作业任务后，航空护林站调度员应及时制订机群化学灭火飞行计划，同时通知地面加药人员及时到达加药现场，机组人员做好飞行前的各项准备工作，地面保障人员各就各位。

②指挥机配空中指挥员或飞行观察员。

③飞行前准备工作完毕后，指挥机先起飞，喷洒机群由长机带队后起飞，到达火场后，指挥机上的指挥员观察火场情况，选择火场的喷洒地段，确定进出航向等，长机机长按空中指挥机意见带领机群进行喷洒作业。

④机群到达火场后听从指挥机机长的指令，明确火场喷洒地段并在降低高度的同时，按喷洒航向飞越一次，看清地形火势，第二次进入喷洒航向，进行喷洒作业，喷洒完毕后立即返回基地。根据火场实际情况，需要继续化学灭火剂时，按指挥机指令依次作业。

⑤指挥机本着高效、安全原则进行现场飞行指挥，当化学灭火机群相继到达火场时，应及时避让并指令：其他机降直升机和洒水直升机和其他活动飞机避让，待机群喷洒完毕返回离开火场后，再指令其他飞机实施机降、洒水和其他飞行活动。

5.2.4.4　战术方法

直升机主要定点喷洒火头、火点、燃烧的站杆、枯立木及人员难接近的高能量火；固定翼飞机喷洒较直的火线和大火头、大火线以控制火的发展速度。喷洒机群与"前指"保持联系，配合地面扑火队伍进行喷洒灭火，帮助地面人员创造扑火战机。

化学灭火喷洒是一种超低空大载重的飞行，并且可能是在高底起伏，地形复杂的山区进行，同时山区还有小气候的作用会引起飞机忽升忽降。背风坡的涡流乱流也会给飞机带来困难，这些不利条件都会加大化学灭火喷洒的难度，因此执行化学灭火任务的飞行员和观察员都必须进行严格的技术训练，要探讨化学灭火喷洒的理论知识和喷洒技巧。喷洒灭火时观察员要引导飞机从火场的迎风坡选择净空条件好、利于安全的航线下降高度切入喷洒航向，实施喷洒，不能使飞机在背风坡下降高度进入涡流区，可根据火场烟雾吹去的方向和角度来判断风向风速、迎风坡和乱流区。根据火场的实际情况确定喷洒方案和方法。

需要直接灭火时，要尽量降低航高，要掌握好提前量，在火头前打开喷药口，要顺着火线稍偏外侧喷洒，使药剂、水剂准确喷洒到火线上，千万不要喷到火线里侧或火烧迹地，避免无效喷洒。当有侧风时，还须考虑药剂落地时飘移的距离，因此飞机要在上风头喷洒。

5.2.4.5　安全注意事项

化学灭火飞行时要保持能见飞行，飞行人员要在喷洒前侦察清楚火场的全部情况，先确定出化学灭火喷洒方案，对烟雾较大、情况不明的地段，不能引导飞机进入喷洒，要看清火场周围地形地貌、净空条件，要判断出迎风坡背风坡、涡流区乱流区、风向风速等情况，不能引导飞机进入涡流区乱流区和烟区。如果飞机受气流影响失重下降造成爬升困难时，应提前排放药剂以减轻飞机重量，并加大油门和航速，使飞机快速脱离。

如果多架在执行灭火、机降等任务的飞机在同一火场工作时，应由指挥机决定每架飞机的飞行高度、区段、航向，要求所有飞机都须按相同方向转向。每架飞机也要注意观察其他飞机的动态并保持相互联系，不得各自为战，在完成喷洒任务后应迅速报告指挥机并脱离作业区。

5.2.5　伞降灭火

伞降灭火是最早采用的航空灭火方式，之后才陆续开始采用机降灭火、索降灭火、化学灭火、吊桶灭火和人工增雨等森林航空消防手段。它是利用降落伞或动力伞等伞降装备实施降落的现代的集结形式，是各种单元(灭火队员、灭火机具、后勤补给物资等)在几千米的高空，乘坐运输机或专用飞机，通过降落伞降落到预定区域扑救林火。

林区跳伞灭火是随着航空护林事业而发展起来的一种先进的扑火措施，是航空护林工作中的一个重要组成部分。由于它不受地面交通的影响，具有速度快、机动灵活、飞行费用低等特点，对交通不便的偏远林区灭火工作有着极大的优越性。但扑火队员重新返回基地则需用很长时间，伞具装备、生活必备用品对伞降队员来说是个很沉重的包袱，需由地面接迎人员配合，才能返回基地。转战和迅速投入新的扑火工作较为困难。

5.2.5.1　伞降灭火历史概况

最先开展伞降灭火的是前苏联。1934—1935 年前苏联开始进行林区伞降灭火试验并获得成功，于 1936 年正式组建了伞降灭火队，开展伞降灭火。美国在 1939 年也开始了伞降灭火。1975 年，前苏联就有 2 400 名林区跳伞灭火队员，在扑灭森林火灾中起到巨大作用。1974 年，美国 400 多人的林区跳伞灭火队，在一年内 1 200 个火场上，进行 4 500 多次的林区跳伞灭火，取得很大效果。

我国的林区跳伞灭火组织是 1960 年经国务院批准成立的。当时在空降兵部队调来 120 名跳伞员，成立了森林跳伞灭火专业队。在森林里进行跳伞是一项比较复杂的课目，特别是在原始森林。直接在森林里进行航空跳伞，在以前还没有过。因此，在建队的头一年着重进行了思想与技术的训练，第二年曾多次在边沿林区进行试跳获得成功，解除了林区跳伞的思想顾虑，初步摸索到了着陆场的选择、空中放伞、定点着陆等技术。1962 年春航在林区实施跳伞灭火，相继在内蒙古自治区的大黑山和黑龙江省的新店实施了两次灭火。尤其是内蒙古的大黑山，从发现火到彻底扑灭总共用了 9h，展示了林区跳伞灭火的优越性。1964 年，跳伞灭火专业队扩建为一个大队，担当林区跳伞灭火工作，同时加强各级领导，进一步充实了基层，建立了适应工作需要的各项规章制度。每到森林防火期将这支专业队配备到各航空护林站，对东北森林保护工作，发挥了重要作用。到 1965 年，这支队伍发展到了 308 人。在各项业务建设、体制、建制、规章制度、管理教育等方面都日趋完善。

1965—1966 年是我国林区跳伞灭火大发展的时期。在 32 个火场，跳伞 78 架次、331 人次，扑火面积超过 1 800km²，90% 以上是跳伞队员自己单独扑灭的，99% 的火场都是当天夜里扑灭的。据不完全统计，仅 1964—1974 年，林区跳伞扑火共扑灭森林火灾 213 次，跳伞 308 架次，1982 人次。1966 年 6 月 8 日，在欧肯河火场用了 3 个航空护林站的跳伞扑火队员，集中兵力，打歼灭战，这是用兵最多的一个火场，跳了 36 人，火场南侧和东侧 2 架次 12 人，一夜扑打超过 60km 火线，而且没有复燃。1974 年春航，小尔沟火场跳了 6 名扑火队员，仅 7min 就将火灾彻底扑灭。这是我国开展森林跳伞灭火工作以来的最好纪录，充分显示了林区跳伞灭火的优越性。林区跳伞灭火专业队为保护祖国的森林资源不畏艰难险阻，洒下了汗水，立下了不朽的功勋，同时也积累了丰富的经验。林区跳伞灭火曾受原国家林业部的嘉奖，受到大兴安岭、小兴安岭和长白山林区等各级政府和群众的好评。

十年文化大革命使我国方兴未艾的航空护林跳伞灭火事业遭到了严重的摧残，林区跳伞灭火事业就这样结束了它的生命。但随着航空护林事业的不断发展，林区跳伞灭火的作用必将越来越重要。

林区跳伞灭火，无论是国外还是国内现在仍是一项有效的先进灭火技术措施，它比机降灭火成本低。根据我国的经济状况，应尽早恢复林区跳伞灭火。

5.2.5.2　伞降灭火的特点

①伞降灭火适合于扑救人烟稀少、交通不便、大面积的边远林区的火灾。受交通地形条件的限制较少，在火场附近均可进行跳伞灭火。我国生产的冀型降落伞，特别适应于森林跳伞，操纵灵活、定点准确，着陆冲击力小，安全可靠，凡是飞机能起飞的天气，都可以实施跳伞灭火。

②跳伞灭火队员随机巡护，可以及时发现森林火灾，及时跳伞，及时扑救，利用有利的灭火战机，把火控制在最小的范围内，以免小火蔓延成灾，符合"打早、打小、打了"的灭火原则。

③伞降灭火队员需要经过正规化严格训练，熟练掌握林区跳伞技术，学会在复杂地形条件下对伞的空中操控、定点着陆和特殊情况下的处置，能适应林区复杂的气候和地理环境。

一般应选择林间空地、稀疏幼林或坡度不超过 30° 的山坡作为跳伞场地，严禁跳伞灭火队员在国境线禁区以外进行跳伞灭火。

5.2.6　地空配合灭火

地空密切配合是扑救森林火灾的有效途径。随着航空直接灭火手段不断出新，地空配合的形式越来越多。目前我国地空配合扑救森林火灾主要有两种形式：一是火场已经有专业扑火队员扑救，直升机直接实施吊桶灭火配合；二是火场地面没有专业扑火队员扑救，直升机实施机（索、滑）降先将扑火队员降到火场，然后实施吊桶灭火配合。

地空配合直接灭火是采用飞机在燃烧的火线上洒水或化学灭火剂减弱火势，地面队伍沿减弱的火线边缘灭余火的灭火策略；地空配合间接灭火则是飞机依托自然或人工阻隔屏障，如生物防火林带、防火线、山脊线、小路和溪流等，在火烧方向的自然屏障处洒水或阻燃剂形成阻隔，地面队伍从火尾进入，到达火场后跟进灭火；地空配合并行灭火是飞机在火蔓延方向依托阻隔带洒水或阻燃剂，地面队伍在相对较弱的火线蔓延方向实施以火攻火。

5.2.6.1　地空配合灭火技术

在地空配合灭火技术方面，主要利用机载无线移动多媒体传输设备进行地空配合通信，将火场视频、照片、火场态势图等实时传输至火场前线指挥部，并利用火场前指单兵通信设备与地面保持密切配合；针对火场地形、森林植被等因素的变化及火场交通、水源、阻隔带等扑救条件的不同，采用直升机吊桶洒水与地面力量配合灭火的方法，通过开设阻火带、人工扑打、风力灭火、以水灭火等手段，对不同特点火线采用不同的灭火技术，实现安全、快速、有效控制火场的目的。

应用地空配合灭火技术，要充分掌握森林火灾火场的地形、天气、森林植被等火环境情况及道路、水源、隔离带等扑救条件，分析火场发展的动态与趋势，对火场不同特点火线采取相应科学、有效的控制和灭火技术。实施森林立体灭火技术方案时，要采取安全防范措施，特别是行进安全和火线安全，确保灭火队员人身安全。

5.2.6.2　地空配合灭火管理程序

实施地空配合灭火，首先要成立组织管理机构。森林航空消防地空配合指挥机构应由航空护林站、地方政府、林业主管部门、机组、保障单位、空管部门联合组成。航空护林站负责对本区域内森林航空消防力量的统一领导、组织、协调工作，明确工作责任，制定地空灭火预案，使地空配合扑救森林火灾紧密起来。其次，实施地空配合灭火，要遵循地空配合程序。南方航空护林总站总结出了以下扑救重大、特别重大森林火灾，以及特殊森林火灾的地空配合组织指挥程序：

①航空护林站调度值班人员在接到紧急出动飞机参与火灾扑救指令后，必须立即报告带班领导，并及时详细了解火灾发生的时间、地点、行政区域、经纬度、火场面积、受害林分、火场指挥、扑救情况、地形地貌特点和天气、距火场最近的机场和水源等情况，针对了解和掌握的信息提出处理意见，制定飞机出动的具体实施方案。

②南方航空护林总站总结根据火场地形地貌特点、水源情况等因素决定是否开展航空直接灭火。飞机对火场实施空中支援时，必须遵守《飞行安全条例》，在确保飞行安全的前提下进行。

③根据方案，按"就近调机"的原则，南方航空护林总站总结立即与飞行单位协调，并通知航空护林站做好紧急出动飞机的各项准备工作，下达具体任务，申报飞行任务申请计划，协调空管。

④飞机跨省（自治区、直辖市）异地作业时，相关防火部门联系落实机场地面保障和航

护工作人员及机组的生活保障事宜。

⑤航空护林站派出工作人员加入火场前线指挥部（也可由火场前指指定专人），作为飞机与前指联络的枢纽，负责与火场指挥员协调、联络，掌握飞机动态、林火动态和前指需求，并根据前指的战略意图和飞机部署方案，下达飞行任务，调度指挥飞机实施航空直接灭火。

⑥火场前指应具备基本的通信保障能力，保持联络畅通。即"火场前指——灭火飞机——扑火队伍"，能及时互通情况，掌握动态。

⑦飞机到达火场上空后，机上飞行观察员应对火场整体情况进行侦察，向前指通报空中侦察情况。有条件的地方，采用机载移动多媒体信息传输系统，实时、同步地将空中侦察情况传送到火场前指，供前指决策。

⑧前指的地面联络员应与飞机保持同步联系，提供需空中支援扑救的火线、火点位置，或安排设置明显标记（红旗等）引导飞机洒水，并反馈飞机洒水情况，协助飞行观察员校正吊桶洒水位置，保证吊桶灭火效果。

⑨地空配合协同作战时，在飞机接近火线洒水期间，地面扑火队员要随时关注飞机飞行路线状态，避让航空器，严防安全事故的发生。

⑩当飞机洒水造成火势降低、地面灭火队员可以直接扑打时，地面队员要跟进扑打和清理余火，对飞机扑灭的火线认真进行检查，加强看守，防止复燃。

⑪飞行观察员在组织吊桶灭火飞行中，要严密监视火场态势，发现新情况要及时通报地面联络员，认真收集火场燃烧情况和吊桶扑救情况的视频、图像等资料，供前指决策参考。

⑫当飞机因续航时间不足或临近日落必须返航时，如火场尚未扑灭，飞机在临近返航时点前，观察员要向火场前指通报脱离前剩余可飞时间，请求最后任务，并通报即时火场态势，提出指挥扑救建议。

思考题

1. 与其他消防手段、灭火方法相比，森林航空灭火有何优势？
2. 航空灭火的飞机类型有哪些？
3. 航空灭火的方式主要有哪些？
4. 吊桶灭火有何优势？什么条件下可以实施吊桶灭火？
5. 机降灭火有何优势？什么条件下可以实施机降灭火？
6. 航空化学灭火有何特点？

本章推荐阅读书目

1. 郑林玉，任国祥. 中国航空护林[M]. 中国林业出版社，1995.
2. 王立伟，岳金柱. 实用森林灭火组织指挥与战术技术读本[M]. 中国林业出版社，2006.

第6章

其他森林航空消防技术

6.1 森林航空消防宣传

森林航空消防宣传就是利用飞机开展森林防火知识宣传教育的一种形式，由于它不受地面交通及地形地物的影响，具有快捷、覆盖面大、机动灵活和针对性强的特点，其效果是地面定点宣传、媒体宣传等手段无法比拟的。

6.1.1 森林航空消防宣传目的和意义

森林是人类的摇篮，是陆地生态系统中最庞大的系统，不仅能够净化空气、防止风沙、保持水土、涵养水源，而且是地球生态和谐的保护者。森林既为人类提供取之不尽、用之不竭的再生资源，又为人类提供优美的生存环境。然而，森林火灾是当今世界发生面广、危害性大、时效性强、处置救助极难的自然灾害，森林大火摧毁着其前进道路上的树木、植被和野生动物，是人们有目共睹的一种大灾难。它不仅使森林资源和人类的生命财产安全遭受损失和破坏，使森林质量下降、生物多样性减少、生态功能减退，而且导致人类生存环境不断恶化，直接威胁到人类健康。因此，利用航空宣传这一快捷的宣传方式，对预防森林火灾，保护好森林，实现森林资源和生态系统的可持续发展具有重要意义。

我国党和政府历来高度重视森林防火工作，2008年12月1日国务院发布的《森林防火条例》（修订）第十条规定："各级人民政府、有关部门应当组织经常性的森林防火宣传活动，普及森林防火知识，做好森林火灾预防工作。"这一规定凸显了森林防火宣传的重要地位。做好森林航空消防宣传是贯彻落实党和国家各项法律法规的重要手段。

森林防火工作实行预防为主、积极消灭的方针。森林火灾预防工作不同于森林火灾扑救，做好森林火灾预防必须放手发动群众，充分依靠群众，要使每一位公民都参与到森林火灾预防工作中，做好森林防火宣传是重要基础。通过森林航空消防宣传，使每一个公民充分认识到森林与人类的密切关系，充分认识到森林火灾给森林、森林环境、森林生态系统及人类社会带来的损失和破坏，提高每个公民爱护森林，防范森林火灾的意识和责任感。

6.1.2　森林航空消防宣传的形式

我国地域辽阔，森林分布不均匀，各区域的森林火灾和森林火险的差异很大，森林航空消防宣传的对象和内容也不同，开展森林航空消防宣传必须采取多样化的形式。

（1）飞行宣传

飞机经常在林区上空往返飞行，让林区群众耳闻目睹森林航空消防飞机，能够唤起林区群众的警惕和注意，增强他们的森林防火责任感，其本身就是一种很好的宣传形式。

（2）建立森林航空消防立体通信宣传网

通过森林航空消防立体通信宣传网，加强与林区森林防火部门、护林员的通信联系，增强他们的森林防火意识，督促、检查巡护区的森林防火宣传工作。

（3）散发或悬挂森林防火宣传品

在森林防火期，可以向人口密集的乡镇和林区居民散发传单、布告、标语等各类森林防火宣传品，或者在条件许可的情况下，利用直升机悬挂森林防火的布告、标语等开展森林航空消防宣传。

（4）体验式宣传

在森林防火高火险时段，有目的、有组织、有计划地在重点林区、火情多发区进行机降着陆，安排当地党政、森林防火指挥部领导成员、群众代表等乘坐直升机巡查所辖林区，一方面使他们亲身体验到森林航空消防宣传的优越性，另一方面使他们亲眼看到"星星之火可以燎原"。同样，结合森林火灾扑救过程中的火情观察，让他们亲身感受森林火灾扑救的艰苦性和森林火灾的危害性，从而深化森林航空消防宣传意识，推动当地政府和广大群众森林防火工作的开展。

（5）利用新技术开展森林航空消防宣传

航空技术的快速发展，为开展森林航空消防宣传提供了新的形式。例如，在森林防火高火险时段、高火险区，可以利用喷气式飞机，通过飞行员娴熟的飞行技巧，在人口密集的林区居民上空飞行出森林防火的标语、字符，也可以利用悬浮性强、色彩艳丽的材料，在空中撒播出森林防火的标语、字符，通过人们的好奇心强化他们的森林防火意识，加大森林航空消防宣传的力度。

6.1.3　森林航空消防宣传的主要内容

森林火灾预防是森林防火工作的重中之重，是森林航空消防宣传的核心内容。

（1）国家和地方各级人民政府关于森林防火的各项法律法规的宣传

2009 年 8 月 27 日实施的《中华人民共和国森林法》(修正)(以下简称《森林法》)第二十一条规定：地方各级人民政府应当切实做好森林火灾的预防和扑救工作：(一)规定森林防火期。在森林防火期内，禁止在林区野外用火；因特殊情况需要用火的，必须经过县级人民政府或者县级人民政府授权的机关批准。（二）在林区设置防火设施。（三）发生森林火灾，必须立即组织当地军民和有关部门扑救。（四）因扑救森林火灾负伤、致残、牺牲的，国家职工由所在单位给予医疗、抚恤；非国家职工由起火单位按照国务院有关主管部门的规定给予医疗、抚恤，起火单位对起火没有责任或者确实无力负担的，由当地人民政府给予医疗、抚恤。

上述规定，从国家法律层面上对森林防火工作提出了要求，森林航空消防宣传要将国家的法律规定宣传到每一位公民。

在贯彻落实《森林法》的过程中常常会出现一些问题。例如，个别基层生产单位没有弄清"林地"的概念，随意改变"火烧迹地"的性质；在所经营的林地范围内修筑森林防火设施，而不报请县级以上人民政府林业主管部门批准；发生森林火灾时，当地有关部门不配合做好扑救火灾物资的供应、运输和通信、医疗等工作，个别地方甚至出现交通管理人员、医护人员与森林扑火人员发生冲突和纠纷；以及有关部门不按规定核发林木采伐许可证等。

其实，这些问题在《中华人民共和国森林法实施条例》（以下简称《森林法实施条例》）中都有明确的规定：

第二条 规定"林地，包括郁闭度 0.2 以上的乔木林地以及竹林地、灌木林地、疏林地、采伐迹地、火烧迹地、未成林造林地、苗圃地和县级以上人民政府规划的宜林地。"

第十八条 森林经营单位在所经营的林地范围内修筑直接为林业生产服务的工程设施，需要占用林地的，由县级以上人民政府林业主管部门批准；修筑其他工程设施，需要将林地转为非林业建设用地的，必须依法办理建设用地审批手续。

前款所称直接为林业生产服务的工程设施是指：

（五）野生动植物保护、护林、森林病虫害防治、森林防火、木材检疫的设施。

第二十三条 发生森林火灾时，当地人民政府必须立即组织军民扑救；有关部门应当积极做好扑救火灾物资的供应、运输和通信、医疗等工作。

第三十一条 有下列情形之一的，不得核发林木采伐许可证：

（三）上年度发生重大滥伐案件、森林火灾或者大面积严重森林病虫害，未采取预防和改进措施的。

因此，森林航空消防宣传过程中，必须将《森林法实施条例》）与《森林法》同步进行宣传，才能使《森林法》得到切实的贯彻落实。

《森林防火条例》（修订）及其各地配套的森林防火法律法规，是森林航空消防宣传的重点内容。特别是《森林防火条例》的宣传，不仅要对所规定的每一个条目进行宣传，而且要组织相关人员编写《森林防火条例》的解读材料，对实施过程中容易出现问题的条目进行重点宣传。《森林防火条例》的宣传既要覆盖面广，又要从内容上加大宣传的深度。使不同的部门和个人熟知他们在森林防火工作中应承担的主要任务和责任。

（2）森林防火的基础知识的宣传

森林防火是多学科交叉的一门边缘性学科，涉及面广，能够应用的基础理论和基础知识繁杂。在森林航空消防宣传中，要将森林防火的基础知识认真加以筛选，要使用通俗易懂的语言和实例开展普及性的宣传。以下几个方面要重点宣传：

①加大森林火灾危害性和森林防火重要性的宣传力度　凡是经历过无法控制的森林大火的人，很少有人愿意再去回忆那种经历，森林大火给人们造成的心灵创伤是难以磨灭的。正如1987年发生在我国北部大兴安岭林区的"5·6"特大森林火灾，虽然已经过去了将近30年，可是，这场大火烧毁森林和城市的惨烈情景，至今仍然历历在目。惨痛的教训决不能重演！

森林航空消防宣传，不仅要使广大群众认识到森林火灾的直接危害，而且要使人们认识到它所造成的间接危害和损失更大，影响更持久。要使人们认识到，防止森林火灾的发生，就是保护森林资源，就是维护森林环境，就是保卫我们的家园。开展森林航空消防宣传，要与保护生态环境、促进人与自然和谐联系在一起；与全面建设小康社会的目标，实现人类可持续发展联系在一起。

②加大对森林火灾复杂性、突发性和难控性的宣传力度　森林生态系统是地球上最庞大的陆地生态系统，它是一个开放的系统，受许多因素的影响和制约。森林大火的控制一直是世界性的难题，这是由于森林火灾的复杂性和突发性所造成的。

森林火灾的复杂性表现在：森林可燃物的组成丰富多样，森林可燃物的燃烧性千差万别；森林燃烧既有发出火焰的气体燃烧，又有无火焰的固体燃烧，甚至还有油脂的液体燃烧；森林火灾发生的火环境不仅受大气候条件的制约，而且还受森林小环境的影响；随着人类对森林的干预越来越剧烈，火源的种类也越来越多。

森林火灾往往发生在人们意想不到的时间和地点，虽然在其发生之前存在着某些征兆，但由于目前森林火灾监测、报警等手段的可靠性、实用性尚不理想，森林火灾突发性特点仍很突出。加上火源的复杂性，如玩火、迷信用火、违反野外安全用火规程等，也往往导致在不太可能引起林火的情况下使火着起来，使森林火灾的突发性更加突出。

森林火灾发生在开放的森林生态系统中，它不像工业中燃烧炉（室）内的燃烧，可以通过增加或减少燃料数量和调节空气的补给量来控制燃烧进程。在开放系统中要想控制林火，难度很大，难控因子很多，一旦林火由小变大，特别是演变成为重大、特大森林火灾之后，控制的难度非常大。

因此，在森林航空消防宣传中，要加大对森林火灾复杂性、突发性和难控性的宣传力度，使广大群众深刻认识到森林防火重在"防"，而不是"扑"，使"预防为主，积极消灭"的森林防火工作方针真正得到贯彻落实。

③加大森林火灾报警程序的宣传力度　发现火情，及时报警，是每个公民的责任。任何人发现森林火警，千万不要惊慌失措，要沉着冷静，不慌张，可直接拨通全国统一的森林火警专用报警电话"12119"报警。报警时应做到：应报告火情发生地所在的县、乡、村及具体地名、山名；讲清楚火势大小或危险程度；报告报警人的姓名、身份、联系方法等情况；应该在"12119"接线员放下电话后，自己才挂线。

（3）森林火源管控的宣传

在人类尚未出现之前，森林火灾主要是由自然火源引起的，但是，当今引发林火的主要火源是人为火源，自然火源已经退居非常次要的地位，人为火源上升到绝对主导地位，而人为火源比自然火源复杂得多。因此，放手发动群众，依法管火、治火，加强森林防火的宣传教育，严控火源，是搞好森林火灾预防的根本。

近几年来，在《森林防火条例》实施过程中，我国各省（自治区、直辖市）陆续制定了适合本省（自治区、直辖市）的野外用火（或火源）管理规章制度，使森林火源管理步入了法制化、规范化的轨道。在进行森林火源管控宣传中应重点强调以下几个问题：

①野外火源管理工作的责任　明确野外火源管理工作的责任，是做好森林火源管理工作最根本的措施。火源管理的责任分为政府责任、部门责任以及在林区内从事活动的单位、人员责任 3 个方面，任何单位和个人在野外用火都要有高度的责任心，严防失火。

②野外用火的管控　《森林防火条例》及地方各级人民政府制定的野外用火的法律法规，对什么情况下禁止野外用火都做出了明确规定；同时制定了"野外用火许可制度"、"林区安全用火规定"和"进入林区作业许可制度"等规定。这些法律条文和规定要宣传到每一位公民，提高人们野外安全用火的意识。

③法律责任问题　法律责任是法律法规的重要组成部分，是依法管火、治火的重要依据。目前，《森林防火条例》和各地与之配套的法律法规对野外火源管理的法律责任，特别是对肇事者的处罚，管理失职人员的责任追究等都做了具体、明确规定。

（4）扑火安全的宣传

"安全大于天"，森林火场变化无常，不懂安全扑火知识和技术的情况下，常常会给扑火人员的人身安全带来极大的威胁。扑火安全的宣传应重点普及以下几个方面的知识：森林扑火中的危险环境（特别是地形和火场多变的风等）、危险火行为（特别是烟气、火焰高度、火强度、蔓延速度、危险的火灾类型等）、危险可燃物（特别是可燃物的燃烧性、水平分布、垂直分布等），以及扑火装备的使用安全、扑火队伍行进安全、紧急避险措施、迷山自救及救援方法、火场伤病处理等。

此外，《森林防火条例》第三十五条规定："扑救森林火灾应当以专业火灾扑救队伍为主要力量组织群众扑救队伍扑救森林火灾的，不得动员残疾人、孕妇和未成年人以及其他不适宜参加森林火灾扑救的人员参加。"在开展森林航空消防宣传时，一定要将这一规定宣传到位，并对"未成年人以及其他不适宜参加森林火灾扑救的人员"做进一步的解读和强调。特别是"其他不适宜参加森林火灾扑救的人员"，各地应该明确将老年人、身体健康状况不良和没有经过森林防火知识培训或不了解森林防火知识的人员等列入此范围。

6.1.4　开展针对性的森林航空消防宣传

森林航空消防宣传要有针对性，不同层次的人宣传内容不同，不同的对象宣传教育的方式也不同。

（1）对未成年人的宣传

青少年是祖国的未来，是森林防火未来的生力军。森林防火意识的培养要从青少年开始，把森林防火意识像"红绿灯意识"一样从小就深深地印在他们的脑海中。对未成年人的宣传应侧重培养他们爱护森林、预防森林火灾、守护好我们的绿色家园的责任心和使命感。告诉他们哪些可以做，哪些不能做，特别是发现了森林火灾该怎么办？青少年能为森林防火做些什么？在野外遭遇了森林火灾该怎么逃生？在森林里迷山了该怎么办？以及自觉保护森林防火设施等。国家森林防火指挥部办公室编，张思玉、郑怀兵主编的《森林防火知识读本》已经被教育部列为素质教育的课外读本，可供针对未成年人进行森林航空消防宣传时参考。

（2）儿童、痴呆、有精神障碍者等监护人的宣传

对于儿童、痴呆、有精神障碍者，最有效的措施是对他们的监护人进行宣传教育，只有通过他们的监护人才能有效降低这类人群玩火、弄火、纵火事件的发生率。

（3）对林区居民成年人和林区从事非林业作业者的宣传

对成年人来说，强调森林火灾给个人、集体、国家造成损失是符合人们的心理状态的。讲解一个人在森林中漫不经心地抽烟并随手乱丢烟头的习惯，烧田埂草、烧积肥、烧荒、烧秸秆、祭祀用火、烧水做饭、烤火取暖、采石放炮、机车喷火或闸瓦火等，都可能会引发森林火灾，从而使森林受到危害，绿色宝库中的木材被烧毁，野生动物被烧死，森林景观遭到破坏，不仅森林职工经济收入下降，猎人无猎可打，甚至会危及林区居民的生命财产安全，并使环境恶化。这种道理是每一个成年人都能接受的。

对这类人群进行宣传，更为有效的措施是加强对地方各级领导干部及一些在居民中享有较高威信的人士进行护林防火宣传，因为他们能在很大程度上使普通居民迅速转变态度，这种带动作用宣传的效果更好。

（4）对林区林业职工的宣传

林业职工长期受森林防火宣传的耳闻目染，一些人也会因自己常常在野外用火而没有造成森林火灾的惯性思维，产生麻痹大意的思想。在森林航空消防宣传时，重点要使这类人群克服麻痹大意的思想，做自觉防火的典范。同时，要强化森林防火工作重在"预防"，而不是"扑救"，要使他们认识到：森林防火工作并不只是森林防火部门的事情，林业工作者都肩负着森林防火的重任，特别是森林火灾预防要贯彻到林业生产的各个环节中去。

（5）对森林防火工作者的宣传

"预防为主，积极消灭"的森林防火工作方针要得到彻底地贯彻落实，森林防火工作者要率先垂范。森林防火工作者要充分利用自己的专业优势，业务上要精益求精，开动脑筋，把预防工作置前，把优势转变成胜势。在自觉做好森林防火工作的同时，要带动身边的人共同做好森林防火工作。

6.2　人工增雨

人工增雨是指采用人为的手段促使云层中液态或固态水降落到地面。人工增雨是森林航空消防的重要工作内容之一，因为森林火环境是林火发生和蔓延的重要条件，利用飞机开展人工增雨，不仅是改变森林火环境，降低森林火险，有效预防森林火灾的重要措施，而且是扑救森林火灾的辅助技术手段之一。

飞机人工增雨不要等到各地已经进入森林防火期或森林防火紧要期才开展这项工作，更不要等到发生了森林火灾才想到利用飞机进行人工增雨，因为这期间的飞机人工增雨的难度大，收效甚微。准确的做法是在森林防火期来临之前或即将来临时，通过飞机人工增雨来改变森林火环境，才能有效地降低森林火险，避免重大森林火灾的发生。

6.2.1　飞机人工增雨的基本原理

飞机人工增雨主要根据不同云层的物理特性，向云中播撒水滴、盐粉、碘化银或干冰等催化剂，使云滴或冰晶增大到一定程度，降落到地面，形成降水。飞机人工增雨分冷云人工增雨和暖云人工增雨。

（1）冷云人工增雨的基本原理

冷云人工增雨是设法破坏云的物态结构，即在云内制造适量的冰晶，产生冰晶效应，使冰晶增长。当冰晶长大到一定尺度后，发生沉降，沿途由于凝华和冲并增长而变成大的降水质点下降，这就是所谓冷云的"静力催化"。冷云人工增雨的基本原理主要有两种：

①静力播云　某些过冷云降水效率之所以不高，是由于云中缺乏冰核（凝华核或冻结核）。利用飞机播撒装置向冷云中加入足够数量的人工冰核，可以产生大量的冰晶，提高降水效率。目前人们认为碘化银是一种非常有效的冷云催化剂。碘化银具有 3 种结晶形状，其中六方晶形与冰晶的结构相似，能起冰核作用，适用于 $-15\sim-4℃$ 的冷云催化。

②动力播云　对流云上升气流中常含有大量的过冷却水，如果促使这些过冷却水较快地冻结成冰，增加云中浮力和垂直环流，使得云生长得更高，使更多水汽凝华，这就会增加降水。目前常用飞机向冷云中投入干冰（即固体二氧化碳）等冷冻剂，促使冰晶增长。

（2）暖云人工降水的基本原理

整个云体温度高于0℃的云称为暖云。我国南方夏季的浓积云、层积云多属于这种云。暖云中不易产生降水的原因是云滴大小均匀。

影响暖云人工增雨的基本原理是扩展云滴谱，利用飞机播撒装置向云中播撒凝结核或水滴，改变云滴谱分布的均匀性，破坏其稳定状态，促使凝结及碰撞合并增长过程的进行，从而导致降水的形成。使暖云产生人工增雨主要有两种方法：

①人工提供大水滴　利用飞机在暖云中播撒吸湿性物质的粉末，如盐粉（氯化钠）、氯化钾、氯化钙和氯化铵等。吸湿性物质的粉末吸湿后形成溶液，加速凝结增长，很快形成具有碰并能力的大水滴而形成降水。或直接向暖云喷洒大水滴，催化暖云降水。

②人工振动法　主要用炮轰击云层，或用强大的声波，使云层激烈振动，使云滴发生频繁碰撞，碰并增大成雨滴。

6.2.2　飞机人工增雨的主要设备

目前，人工增雨飞机主要通过改装加载以下几类设备：气象探测设备、增雨作业设备、空—地数据传输设备和改装配套设备等。

（1）气象探测设备

气象探测设备一般用于作业条件、作业区域的确定和作业效果评估。例如，安装一些基本的云雨宏观或微观探测设备，以便及时掌握飞机所处云层高度、温度、湿度、云冰粒子浓度、尺度、液态水含量、位置等参数。这些基本装备有机载 GPS 卫星导航仪、机载温湿度仪、机载热线含水量仪、机载 PMS 云微观测系统等。

（2）增雨作业设备

主要指增雨催化剂的播撒设备。主要有：机载催化剂发生器、机载焰弹等。

①机载催化剂发生器　机载催化剂发生器有两种形式：一种采用直接播撒方式，如用于冷云催化的固体干冰或暖云催化的盐粉等吸湿剂，常采用漏斗式播撒器进行播撒。另一种是安装在机翼上的催化剂发生器，例如碘化银发生器，由燃烧室、溶液槽和喷嘴组成。溶液槽中的碘化银丙酮溶液受压后通过喷嘴进入燃烧室，雾化的碘化银溶液在燃烧室燃烧，燃烧生成的碘化银晶体连同其燃烧副产品一起排入大气进行播撒。

②机载焰弹　机载焰弹指利用飞机发射催化剂焰弹，催化剂焰弹在飞行或下落过程中向云中播撒催化剂。例如，碘化银高效复合焰弹有两种形式，即下投式和拖曳式焰弹，采用人工操作电点火装置自动投掷，焰弹在下落过程中向云中播撒晶核。

（3）空地数据传输系统

空地数据传输系统主要用于空地信息的传输和飞机航迹记录。通常可加载通信电台和天线，以及北斗空地信息传输设备、地面指挥中心综合集成的相关配套设备及系统。此外，根据设备通信信号覆盖区域的需要，地面还专门安装了中转无线电台。

飞机空地数据传输系统的开发重点是传输数据链的稳定度，结合飞机作业区域的特点，认真考虑飞机作业范围，确保飞机在有效范围内实施稳定传输。此外，必须加强数据传输程序容错处理能力、数据链编码纠错能力。应注意以下几个方面的问题：

①天线　机载天线要设计成米长、高增益、全向机腹式天线，安装在飞机腹部。地面天线应采用全向、高增益天线。天线根部要设有地网，要做到防水、防潮湿、防结冰。

②电缆　飞机、机内电缆要尽量短，一般应控制在 10 m 以内，应采用低损电缆，同时接头处也应做到防水、防潮湿及防结冰。地面电缆长度可适当加长，但不宜超过 50 m。

③功率　在确定较好驻波比前提下，适当调大电台功率对于传输比较有利，但不是功率越大越好。

④抗干扰　选择通信频点时，要充分考虑当地空中频率干扰问题，尽量避开干扰较多的频段。如 VHF 频段在一些地区地面工作时较正常，但到 1 000~6 000 m 高空时干扰异常严重，无法保证数据的正常传输。

飞机测量是一维的，它的空间坐标随时间而变，精确定位是综合识别分析、效果检验等的基础。过去的导航定位时空精度都很差，现在引进了地球定位系统（GPS），高速采样的数据直接进入机载微机，可以同其他物理参量的高速采样值实时综合分析显示。空地传输系统可以将飞机位置、观测资料实时传输到地面，供指挥人员使用。

（4）改装配套设备

主要包括结构、电气、电缆的改装配套设备，以及环境舒适性改装配套设备等。

6.2.3　飞机人工增雨作业的特点

不论是以改变森林火环境，降低森林火险为目的的飞机人工增雨，还是以扑救森林火灾为目的的飞机人工增雨，其作业难度要比抗旱为目的的人工增雨大得多，这是由以下几个特点所决定的：

（1）降水云系少，适合飞机人工增雨的机会也很少

森林火灾实质上是一种气象灾害，干旱的环境条件是高森林火险的基本条件之一，也是各地确定森林防火期和森林防火紧要期的主要依据之一。而区域性的干旱发生时，降水

云系很少，飞机人工增雨作业的机会也很少，靠人工增雨来改变森林火环境，作用非常有限；发生了森林火灾特别是重大森林火灾时，飞机人工增雨作业的机会就更少。因此，进入森林防火紧要期或发生了森林火灾时开展飞机人工增雨只是一种不得已而为之的辅助手段。

（2）降水的准确率很低，难以起到降低森林火险或扑救森林火灾的目的

进入森林防火期、紧要期，以及森林火灾发生时，大尺度的云系很难形成，不论是冷云人工增雨，还是暖云人工增雨，飞机实施人工增雨之后，云滴凝结增长或碰并增长过程中受大气环流的影响很大，降水很难降落到指定的地点。特别是森林火灾发生后，火场上空的局部环流是流向火场四周的，要想使降水降落到火场上空进行灭火，难度更大。

（3）天气条件差异大，飞机人工增雨作业条件复杂

我国地域辽阔，尽管北方大部分省市区的森林防火期以春、秋季为主，南方大部分省市区的森林防火期以冬、春季为主，西北部分省区以夏季为主，但由于近年来受全球气候变化的影响，我国一年四季都有森林火灾发生。这就使得以防火为目的的飞机人工增雨，不得不在天气比较复杂的情况下飞行作业。特别是在季节交替时段的飞行增雨条件更加复杂多样，对飞行技术提出了较高的要求。

（4）人工增雨的时机短暂，飞行任务急促

突发性强是森林火灾突出的特点之一，加之森林防火期或森林防火紧要期有利于人工增雨的云团少，适合飞机人工增雨的时机非常短暂，要及时抓住短暂的、有利的人工增雨时机，通常要求飞机立即起飞，所以，人工增雨的飞行任务往往来得很急促。特别是我国航空护林的站点较少，飞行航线较长，人工增雨任务急促的特点更为突出。

（5）飞机人工增雨作业的不安全因素和困难较多

森林火灾发生区域或高火险区，通常距离机场较远，飞机人工增雨作业的往返时间加上播洒催化剂的时间，使得飞行时间较长，而且飞行时间也不固定，常不分昼夜，以致机组人员易疲劳，增加了不安全因素。

航空护林的空管协调难，由于航护面积大，作业区域多，空管部门对飞行管制要求严、规定多。形成这种空管协调难的原因，一是森林火灾的不确定性使计划申请的不确定和易变，容易导致计划审批的不及时性；二是开航时不召开航前协调会议，难以取得与有关空管的相互沟通，难以增进相互的了解；三是由于航行管制部门的人员更替，导致对航护工作特点、性质不了解，增加了航护飞行计划申报的难度；四是航护协调经费使用不足。

（6）飞机人工增雨突出的优势

飞机人工增雨具有覆盖面广、见效快、机动灵活等特点，特别是以降低森林火险为目的的飞机人工增雨，效果明显优于其他技术手段或措施，值得各地在森林防火期来临之前开展这项工作。

6.2.4　飞机人工增雨作业技术

飞机人工增雨作业的特点对其作业技术提出了较高的要求，以下几个方面需要重点考虑：

6.2.4.1 飞机人工增雨的需求

飞机人工增雨的要求可以从两个方面考虑：一是高森林火险天气等级，二是发生了大面积森林火灾，其他扑救措施已难以控制，需要飞机人工增雨进行辅助扑救。

高森林火险等级的确定，参照中华人民共和国林业行业标准《全国森林火险天气等级》（LY/T 1172—1995）执行。该标准将森林火险天气等级确定为五级，详见表6-1。

表6-1 森林火险天气等级标准

森林火险天气等级	危险程度	易燃程度	蔓延程度	森林火险天气指数 HTZ
一	没有危险	不能燃烧	不能蔓延	≤25
二	低度危险	难以燃烧	难以蔓延	26～50
三	中度危险	较易燃烧	较易蔓延	51～72
四	高度危险	容易燃烧	容易蔓延	73～90
五	极度危险	极易燃烧	极易蔓延	≥91

当森林火险天气等级达到四级时，就应考虑采取飞机人工增雨作业。为了有效降低森林火险，当HTZ连续三天以上接近三级的上限时，也可以考虑采取飞机人工增雨作业。

《森林防火条例》（修订）按照受害森林面积和伤亡人数，将森林火灾分为：

一般森林火灾：受害森林面积在 $1hm^2$ 以下或者其他林地起火的，或者死亡1人以上3人以下的，或者重伤1人以上10人以下的；

较大森林火灾：受害森林面积 $1hm^2$ 以上 $100hm^2$ 以下的，或者死亡3人以上10人以下的，或者重伤10人以上50人以下的；

重大森林火灾：受害森林面积 $100\ hm^2$ 以上 $1\ 000\ hm^2$ 以下的，或者死亡10人以上30人以下的，或者重伤50人以上100人以下的；

特别重大森林火灾：受害森林面积 $1\ 000\ hm^2$ 以上的，或者死亡30人以上的，或者重伤100人以上的。

发生了重大森林火灾和特别重大森林火灾，应当考虑开展飞机人工增雨进行辅助扑救。

6.2.4.2 人工增雨飞机的改装

飞机人工增雨作业的平台是人工增雨飞机，一般通过飞机加改装技术（工程）将人工增雨设备与载机平台有机结合而形成。

（1）飞机加改装工程

飞机加改装工程是指通过加装新设备或换装旧设备，以达到改进原机的性能或改变飞机执行任务的类型和能力的工程。与采购新机相比，飞机加改装工程具有费用低、周期短、效益大等优点。

飞机加改装工程一般包括任务的提出、方案论证、加改装设计、改装施工、设备的装机调试、整机地面试验、改装飞机的地面验收、改装飞机的飞行试验、研制项目的工程验收、设计定型等步骤。

（2）飞机选型与加装设备论证

一般来讲，所选飞机的装载情况应与加装设备的结构、重量需求相匹配，装载能力过小不能满足使用需求，过大一般经济性不好；飞机的气动外形应能满足机外设备加装的需要；所选飞机应有良好的操稳品质，以便在遇到可能的风切变等危险情况下能较好地脱离危险区；飞机应有良好的防、除冰系统，在遇到可能的结冰环境时，能及时地进行结冰告警以便引导飞行员操纵飞机尽快脱离结冰区，同时应能安全可靠地除去可能在机翼、尾翼、发动机叶片等关键部件产生的冰层。

此外，飞机选型还应统筹考虑飞机的使用、维护、管理等方面的因素。

加装设备论证主要是根据作业对象、可选设备、飞机平台、经费约束等实际情况，通过综合论证，提出加装设备清单、性能指标要求和加改装技术要求。

（3）改装总体布局

改装总体布局是指根据载机平台的总体特征，考虑加装设备的功能和使用需要，通过总体设计，科学合理地选择加装设备的位置，指导后续专业设计。

气象探测设备多数安装在飞机舱外，气象探头周围不能有明显的扰动气流，如发动机螺旋桨气流；不能有对气象探头电磁辐射敏感的设备，如磁罗盘；同时还要考虑飞机电磁辐射对探头的影响。此外，气象探头的加装位置还应便于施工、使用与维护。

为此，应根据载机平台的外形，以及发动机、磁敏感设备的总体布局特征，综合考虑探头的安装要求、改装的结构强度要求、全机的电磁兼容性要求、设备的使用与维护要求、改装的施工要求（施工难度、工作量）等，科学权衡，合理选择气象探头的加装位置。

增雨催化剂播撒设备一般安装在机身两侧或者机尾，应统筹考虑播撒宽度、高度的需要，以及对飞机飞行性能和操稳品质的影响。舱内设备位置的选择应考虑噪声、环境舒适性等。

改装总体布局设计中，还应充分考虑全机重量重心设计、最小离地高度等因素。

（4）改装的专业技术设计

①气动设计　气动设计一般结合改装总体布局设计同步进行。考虑的主要因素包括舱外气象探头安装设计和增雨催化剂播撒设备的安装设计。通过工程估算、CFD 或者风洞试验等方法，分析不同设计下的流场变化、飞机飞行阻力变化、各操作舵面的操作效率变化等，评估飞机飞行性能和操稳品质的变化，选择最优设计。

②结构强度设计　舱内设备的安装一般比较简单，重点是舱外设备。

由于作业飞机的飞行速度一般不是很快，气象探头的加装方式可以是薄壁结构，也可以是桁架结构。一般来讲，薄壁结构外形光滑，内部有利于探头电缆的敷设，但由于外表面的面积大，因而改装引起的附加侧向力也大。相比而言，桁架结构制造简单，表面积小，固定气象探头的拉杆接头可以安装自动调心滚动轴承，从而降低了为满足探头高安装要求的设计和施工难度。桁架结构的设计应避免产生易结冰区域，同时要充分考虑电缆的敷设。

增雨播撒设备中，一般子焰弹播撒设备主要用于垂直向下的碘化银播撒，考虑增大垂直飞行方向的面内播撒宽度的作业需要，发射器一般有一个不大于45°的侧向安装角；焰条播撒设备主要用于水平向后的碘化银播撒，相对飞行方向水平向后播撒。两种设备加装方式一般均采用桁架结构，通过合理的结构形式将力传递到飞机承力结构上。

结构强度设计中，应充分考虑设备的使用维护需求和零部件加工、改装施工的工艺要求。

③供电设计　根据加装设备的用电需求，或利用载机电源系统的富裕电量，或加装新的发电设备，通过供电控制、保护等措施，满足加装设备的用电需要。一般情况下，载机电源系统的富裕电量能够满足加装设备的电量要求。

详细设计前，一般应完成各个加装设备的用电特性测试，包括功耗、最大电流、电压范围等，用于指导供电控制和供电保护设计。

④电磁兼容性设计　电磁兼容性设计一般在改装总体布局设计时就需要同步进行。

飞机是一种密集型电磁发射和接收平台，对电磁特性要求高，有专门的专业标准，飞机改装的加装设备必须满足这些标准要求。同时，在总体布局设计、电缆敷设、搭铁接地等环节中，严格进行电磁兼容性控制，以满足全机的电磁兼容性要求。

改装设计前，一般应完成加装设备的电磁特性测试。

6.2.4.3　飞机人工增雨的作业条件

（1）人工增雨潜力的季节性差异

大陆性气候是我国气候的突出特征之一，夏季降水系统最强，云水资源最为丰富，人工增雨潜力最大，春秋两季增雨潜力明显比夏季小，冬季最小。因此，对于因全球气候变化所导致的越来越频繁的夏季森林火灾预防和扑救而言，飞机人工增雨不失为一种有效地手段。

（2）云的类型

云的类型是飞机人工增雨必须考虑的重要作业条件。

①按照云中水的相态可把云分为水云、冰云和混态云。

水云：云中所有粒子均为液滴。由于云中水的相态与温度关系十分密切，同时考虑云中水滴增长的特征，常把水云称为暖云。处于0℃以上的空间的暖云，肯定是水云。

冰云：云中所有粒子均为冰晶或雪晶，冰云肯定在0℃以下，常把冰云称为冷云。

混态云：云中粒子既有水滴，包括过冷水滴，也有冰晶、雪晶，也包括冻滴、霰甚至冰雹。混态云一般主体部分处在0℃以下，此时也属于冷云。

②按照云的动力学特征，可把云分为积状云、层状云、波状云。

积状云：由地表受热不均和大气层结不稳定引起的对流上升运动所产生，也称对流云。云顶强烈发展，产生阵性对流降水，包括积雨云或浓积云。

层状云：由大范围暖湿空气沿锋面斜坡缓慢爬升或由气压系统造成的空气辐合上升而形成；均匀布满天空，产生稳定连续性降水，主要有层积云、层云、雨层云、高层云独立存在或其中的任意2种或3种云并存。

波状云：由大气流经不平的地面或在逆温层以下所产生的空气波状运动或湍流扰动形成。

此外，大气运行中遇大地形阻挡，被迫抬升而产生的上升运动所形成的云既有积状云，又有波状云或层状云，通常称为地形云。

对于飞机人工增雨而言，稳定性层积云云层较厚，云底较低，多数降水范围较大，持续时间较长，是采用飞机人工增雨作业的最有利条件。

（3）云状、季节综合条件

同一地区、同一类型的云，在不同的季节里，其降水的潜力有很大差别，实施飞机人工增雨时，应注意考虑两者的综合作用和影响。有资料表明：

层状云降水日数：冬季 > 春季 > 秋季 > 夏季；

积状云降水日数：夏季 > 秋季 > 春季 > 冬季；

层状云 + 积状云类云降水日数：夏季 > 春季 > 秋季 > 冬季。

即冬季以层状云降水为主，夏季以积状云降水为主。

（4）云系移动的方向和速度

不论是以降低森林火险为目的的飞机人工增雨，还是以扑救森林火灾为目的的飞机人工增雨，都必须对云系的初始位置、移动方向和移动速度做好观测和预测，才能提高飞机人工增雨降水落入目标范围的准确率。因此，在实施飞机人工增雨之前，要加强地面和高空风场或流场的观测与分析。

6.2.4.4 飞机人工增雨的作业方案

飞机人工增雨作业方案的设计，是整个作业过程中最重要的技术工作。作业方案需在对作业目标云系的天气条件充分了解和科学选择作业综合判别指标的基础上，结合有关实时资料和信息，经过综合分析后制定。其中常规天气预报是基础，进行实时监测分析是关键，确定科学的综合作业技术指标、采用科学的作业技术和方法是保证。

飞机人工增雨作业技术方案的设计，对整个增雨过程的成功与否起着重中之重的作用，对于作业目标云系及范围天气系统而言，飞行和作业方案如何制定，确定拟作业区域、作业范围并提出飞行计划，及时向空管部门申报，是完成飞机人工增雨不可缺少的完整体系。

1）天气系统作业条件的分析预测

天气系统作业条件的分析预测，是指在获得短时期天气预报资料的基础上，对某一特定目标区是否适宜于进行作业条件的预测分析，具体包括要对影响的天气系统的类型、云系的结构、降水机制、云微物理特征、降水时空演变规律、可能增雨的潜力、适宜的催化时机与部位及应采用的催化技术等关键性科学技术问题，做出较准确的科学判别与分析。

在对作业天气条件进行预测预报、实时跟踪监测、综合分析的基础上，来制定具体的作业计划和作业方案。通常一次飞行作业方案应包括作业目标区、作业时限、作业部位、作业方式、作业技术及资料获取等多方面的基本内容。

2）作业目标区的确定

作业目标区应根据作业目的、拟定作业区域内云的结构和性质、可催化的潜力等条件确定。在作业飞机未进入云中实施探测前，作业目标区作业条件主要依据雷达、卫星、探空、地基微波辐射仪实时监测资料、天气分析预报实时资料以及数值模拟结果等综合分析确定。

3）飞行方案申报

飞行方案应在作业 2 h 前提出并申报，在与飞行管制申报飞行方案后至飞机起飞的时间内，从事飞机人工增雨指挥的技术人员，还要加强对影响系统和拟订作业区云况变化进行分析，等待起飞命令后，准时向目标云进入并实施增雨过程。

4）云中增雨催化的最佳时间及方式

（1）催化部位及时机的选择

实践证明，催化作业的时机和部位的选择，对人工增雨的成败起着关键作用。

采取冷云催化原理实施飞机人工增雨催化时，云的水平结构、垂直结构、云含水量、温度及冰晶的分布等是决定催化部位的重要选择依据。人工增雨一般适宜播撒部位应在云中温度高于 $-20℃$ 的云层内，在 $-15℃$ 云层附近凝华快，聚并强，对冰晶增长有利，这是增雨的有效必备条件，而云中温度小于 $-5℃$ 的云层应尽可能不选为催化层。我国人工增雨作业选择的催化温度范围一般为 $-25 \sim -5℃$。

飞机人工增雨多用于稳定性层积云。有利条件有：云和降水处于发展或持续阶段，云中有比较深厚的上升气流，云下蒸发较弱，过冷云层较厚，云底较低；云中有过冷水，有较大的冰面过饱和水汽值，同时冰晶浓度较低的区域更为有利。

经验表明，对系统性天气进行催化作业时，通常作业时机应选择在系统的前部和中部，而在系统后部作业，往往错过了最佳时机。

（2）催化剂量的确定及催化方式

研究表明，对于层状云，一般催化作业播撒人工冰核的剂量应参照表 6-2 中的数值确定。对于冷、暖性同时存在的积状云系催化，如考虑动力催化效应，还应适当增大催化剂的用量。

表 6-2　人工冰晶浓度的成核率（g）与温度（℃）和剂量（g/km）的关系

催化剂	$-6℃$	$-7℃$	$-8℃$	$-10℃$
制冷剂（干冰）	$10^{12}/200$	$10^{12}/200$	$10^{12}/200$	$10^{12}/200$
AgI 烟弹	$3 \times 10^{11}/600$	$10^{13}/20$	$10^{13}/20$	$2 \times 10^{13}/20$
AgI 丙酮溶液新配方		$2 \times 10^{11}/103$	$6 \times 10^{11}/300$	$4 \times 10^{12}/30$
AgI 丙酮溶液旧配方		$4 \times 10^{10}/5 \times 103$	$2 \times 10^{11}/103$	$10^{12} \times /200$

注：主要催化剂播撒时达到 20L。

据人工冰晶可能扩散距离的研究，扩散宽度为 $3 \sim 6$ km。据此，催化层状云时，作业飞机应在选定的催化层高度，采用垂直于高空风向，以播撒轨迹边长 $30 \sim 50$ km、行距间隔 $3 \sim 6$ km 条播或 S 方式飞行。

（3）飞行航线的选择与飞行方式的设计

飞机人工增雨作业飞行航线与飞行方式的设计，应根据飞行目的和观测目的的不同而拟定。例如，为了了解人工催化的条件和催化后的反应，需要在飞行过程中对降水粒子的增长微物理条件进行垂直探测；若了解降水增长条件（主要是云的微物理特征）与降水特征的空间分布状况，则应进行云的三维空间观测；为了掌握人工影响前、后云的微结构与降水特征的变化情况，则应在作业前、后进行对比观测，并且应根据云的条件、作业方法、气流状况进行具体设计，使飞机能跟踪人工影响的云体部位。

飞机的飞行高度应能满足增雨作业和探测飞行的需要；飞机的巡航速度不宜太快，以便能满足增雨催化剂的播撒强度和探测设备的灵敏度需求，使用固定翼飞机在火场上空播撒碘化银人工增雨，飞行速度 400km/h，扩散速度 1m/s，一般在 $30 \sim 40$min 能起降水作用。

（4）作业（催化）综合判别指标

飞机人工增雨作业方案的设计科学与否，与作业时机、作业部位及采取的作业技术有直接关系，另外，作业综合指标的确定，也是方案设计和具体实施科学作业的关键。试验研究和大量观测表明，即便是同一种天气类型，云系的宏、微观结构在不同地区和不同季节也有所不同。

6.2.4.5　飞机人工增雨的作业安全

牢固树立安全第一的思想。按照国家气象局在人工影响天气中"积极慎重、稳定发展"的原则，确保飞行安全是军地单位的共同愿望。

在人工增雨过程中，由于天气复杂，突变性大，安全观念尤为重要。在增雨实施过程中，要严格掌握气象条件，严禁飞机在不稳定云中（积雨云和浓积云，以及雷达回波强度30dB 的混合性云）和有中度积冰的云层中飞行。

在人工增雨作业实施过程中，空中与地面要及时联系，并在飞行前选择一个可靠备降机场，做到万无一失。

根据天气形势并结合季节特点，对危及飞行安全的天气做好重点预报。在冬、春和秋季，重点放在飞行积冰和恶劣能见度上；在春季，除上述情况以外，还要考虑雷暴的因素；夏季则主要做好雷暴和颠簸的预报。这样可使飞行人员心中有数，顺利地完成飞行任务。

人工增雨作业是一项技术性很强的工作，在保证发挥增雨作业效果的同时，要确保空域安全和作业区群众的安全。在安全有保障的前提下，科学选择作业方位和作业时机，争取最大的社会和经济效益。

6.3　森林航空应急救援

6.3.1　森林航空应急救援概述

根据我国突发公共事件总体应急预案的定义，我国的突发事件主要分为自然灾害、事故灾难、公共卫生事件、公共安全事件4 大类。而应急救援是指在这4 类事件发生时，为拯救民众生命和减少财产损失，各种救援主体在一定层次上通过各种方式联合采取的行动。

航空应急救援是应急救援的一种方式，特指采用航空技术手段和技术装备实施的一种应急救援，在救援目的和对象上同其他应急救援方式相比没有本质区别，但其独特之处在于所使用的技术条件和组织管理。航空应急救援使用了科技含量非常高的装备，需要通过特定的救援主体实施救援，并需要贯彻专业化的救援原则。航空应急救援充分体现了应急救援快速反应的原则，在各类应急救援行动中发挥了重要作用，展现出很好的救援效果。森林航空应急救援在森林火灾救助中发挥了不可替代的作用。

1987 年发生在黑龙江大兴安岭北部林区的"5·6"特大森林火灾，熊熊大火在我国绿色国土上肆虐了28d，过火面积133 × 10⁴hm²，死亡213 人，受伤226 人。烧毁3 个林业局址(城填)，9 个林场场址，4 个半贮木场(烧毁木材 $85 \times 10^4 \, m^3$)，桥梁 67 座，铁路 9.2km，输电线路 284km，房屋 $6.4 \times 10^4 \, m^2$，粮食 $325 \times 10^4 \, kg$，各种设备 2 488 台，出动近 6 万人参加扑火，损失十分惨重，直接经济损失 4.2 亿元人民币。我国军队和民航共出动飞机和直升机 96 架参与扑火救灾，其中民航出动 33 架，空军出动 53 架，起降 1 542 架次，飞行 2 175h，为扑救东北森林大火作出了巨大贡献。

2007 年 8 月 24 日起，希腊境内接连发生 170 场山林大火，火灾面积占希腊国土 1/2 以上。著名的奥林匹亚遗址、阿波罗神庙等文物古迹受到严重威胁。希腊全国进入紧急状态，全力扑灭这场 150 年来最严重的森林火灾。由于灾情严重，希腊政府投入 9 000 多名消防人员和大量消防车辆参与灭火工作。该国所有可以动员的空中灭火设备也都被调往灾区进行增援，其中 19 架灭火飞机和 18 架直升机在灭火中发挥了重要作用。

6.3.2 森林航空应急救援的特点

6.3.2.1 森林航空应急救援的优势

森林航空应急救援与其他航空应急救援一样，具备以下几点优势。

(1)救援范围广

从理论上讲，航空应急救援可以在海平面上任意地点实施，这是其他陆地和水上交通方式难以实现的，也是航空应急救援的主要特色之一。当然，需要指出的是，除了投送和到达能力强外，航空应急救援的应用范围也非常广泛。

(2)响应速度快

灾害具有突发性和紧迫性特点，时间是救灾的生命线，任何延误都可能造成灾害的恶化或进一步扩散，森林火灾尤其如此。航空应急救援具有响应速度快，在复杂环境下能够保证第一时间到达灾难现场，满足救灾快速反应的需求。

(3)科技含量高

航空应急救援一般需要使用技术含量高的航空器材以及高新技术，如通信、导航、医疗、光学、卫星技术等，通过高素质的救援团队和高效率的管理组织指挥，才能很好地完成任务。

(4)救援效果较好

航空应急救援由于作业范围广、速度快、综合执行能力强等，在各类救援行动中展现出较好的救援效果。例如，2006 年 5 月 21 日发生在黑龙江省黑河市嫩江县多宝山镇嘎拉山林场施业区内的草地森林大火，经数千名扑火人员连续 10 个昼夜的艰苦奋战全部扑灭，黑龙江省黑河航空护林站在嘎拉山火场执行急救任务，救护运送伤员 22 人，为减少人员伤亡发挥了重要作用。

(5)能够完成多种救援任务

除了森林火灾救援，森林航空救援还能够根据机载设备的不同，在不同的灾情和灾害下，可执行不同的救援任务，小到抢救个别受困人员或伤员，大到地震、风灾、水灾、核泄漏等重大灾害。在救灾中，航空救援装备可执行侦察灾情、运送救援人员和物资、撤退受灾民众或伤员、援救受困人员、吊运大型救援设备、中继通信、消防灭火及卫生防疫等任务。

6.3.2.2　森林航空应急救援的难点

森林航空应急救援由于其作业类型的特殊性，以及实施主体的多样性，因而在具体实施过程会面临各种各样的难点。有些难点是所有应急救援方式都面临的，而有些难点则是森林航空应急救援方式特有的。归纳起来主要有以下几个方面的难点。

（1）时间紧

应急救援的根本目的是保障公民的生命及财产安全。而森林火灾的发生一般都具有很强的突发性。这就要求救援主体务必在灾害或事故发生后第一时间内对受灾人群实施救援。行动越迅速，救援越及时，受灾人群获救的概率也就越高，救援的效果也就越好。

（2）任务杂

长期以来，航空应急救援在普通群众眼中往往就是人命救助的概念。而实际上，尤其是近些年来，随着我国经济生活和社会事业的不断发展，航空应急救援的概念已经突破了传统的范畴。

在森林火灾应急救援中，需要利用航空手段执行的任务多种多样。例如，被火围困、烧伤、被烟气熏呛、迷山、溺水、摔伤、被围困在陡峭的山崖、被野兽或毒蛇咬伤、被滚石或倒木等砸伤、疲劳导致疾病突发等。有时候救助的对象可能是个体，有时候救助的对象可能是群体；救援过程中所需要的救援物资和设备更是多种多样。这些都使得森林航空应急救援任务变得异常复杂。

（3）环节多

森林航空应急救援是一项复杂的系统工程，涉及预测、监测、监控、通信联络、应急处置等多个环节，组织难度相当大。仅航空器出动过程就包括航空器准备、机场准备、机务准备、飞行员准备、气象准备、空管准备、油料准备等诸多环节。在具体实施过程中，还包括救生、医疗、通信、救援装备等多方面相关的环节。

（4）配合难

如上所述，森林航空应急救援涉及飞行、机务、机场、管制、油料、气象、航行、情报、医疗卫生、防疫等多个专业部门，再考虑到参与森林火灾扑救人员组成的复杂性，实施一次救援需要协调的部门很多。各部门的工作人员由于背景各异、职责不同、工作程序不一、隶属关系不同等各种原因，在合作开展救援时，便会遇到相互配合困难的问题，从而导致救援力量分散、相互牵制和资源浪费现象的发生。

6.3.3　森林航空应急救援的原则

森林航空应急救援必须遵照快速反应、协调一致、注重安全、依法飞行、科学操作等5 个原则开展作业。

（1）快速反应原则

各类应急救援的主体必须设法用最快的速度，在最短的时间内到达现场，并采取一系列应急处理措施，及时提供各种救助，才能防止事态进一步蔓延、恶化。总之，反应越迅速、行动越早，救援效果也越好。

（2）协调一致原则

在森林航空应急救援行动中，涉及的多个救援主体或政府部门，要确保救援工作的高效和迅速，各部门必须在事件指挥中心（或相关应急处置指挥机构）的统一调配下，密切配合，最大限度发挥各部门的作用。

（3）注重安全原则

在救援的实施过程中，施救方必须秉持"安全第一"的处置原则。这里的安全，不仅仅包括航空器自身的安全，同时也要设法确保被救人员的安全，时时处处体现"以人为本"的理念，确保整个航空应急救援行动处于安全、有序的状态中。

（4）依法飞行原则

航空应急救援组织工作千头万绪，但依法飞行是其基本原则。不能依法组织飞行和实施飞行作业，不仅难以保证救援质量和效果，也难以确保航行安全。各类救援行动必须在已有的法律框架内进行。

（5）科学操作原则

森林航空应急救援事业在我国尚处于起步阶段，在各类救援行动中要吸取先进国家的救援经验，针对不同的救援任务，专门组织专家研究和论证，科学、有效地开展工作。

6.3.4 森林航空应急救援的装备

森林航空应急救援体系中，救援装备是极为重要的组成部分和物质基础。救援装备不仅包括直接施救的各类航空器，还包括航空器携带的各类专用救援器材以及相应的支援保障系统。否则，就难以高效、安全、快捷地完成各类救援任务。

6.3.4.1 机载专业救援器材

（1）机载强力探照灯

机载强力探照灯是为了在光线不良的情况下，尽早发现遇险人员和航路上障碍物的高强度照明系统。机载专业探照灯系统，超远光射程可达 3500m 以上，适合夜间拍摄，具有很强的光线穿透能力，能够直接使用机上直流 28V 电压，防水、防震。有的机型还将探照灯安装在一个可以三轴自由转动的平台上，可以使灯光的方向随机内操作人员的指示偏转。为保证光线的色度，机载探照灯通常采用 HID 灯泡，色温在 4300～6000K 之间任意选择。

（2）机载救援绞车和吊具

绞车和吊具是航空应急救援最基本的装备。绞车应用的历史很长，最早曾经出现过以汽油机驱动的内燃绞车，后来出现了液压绞车，目前使用的普遍是电动绞车。需要注意的是，直升机悬停作业时，旋翼会产生较大的转动力矩，救生员需要与飞行员、绞车手密切配合，匀速操作绞车和吊具，防止在营救时产生高速旋转，造成被营救人员的二次受伤。

吊具包括吊索和吊篮等诸多种类，最为常见的是吊索，但对于体力极度虚弱的人员营救时，通常还可以使用吊篮，将 1 名救护人员和至少 1 名伤员提升至直升机，且允许边撤离边提升。

（3）机载生命保障系统

机载生命保障系统是确保机上的伤病员能得到必要的医疗急救的基本设施，其目的是为了确保伤病员在危急时刻能够保住生命，防止受损器官、肢体的坏死。此类设施种类多样，功能各异，仅选择有代表性的设备简要介绍。

①航空医疗冰箱　对于航空应急救援而言，各类血浆、药品必须24h准备。此类物资具有很强的时效性，因此，必须尽可能提供良好的储存条件以延长它们的使用期限。

由于飞机上电源、空间等诸多方面的限制，医疗冰箱往往占用空间小，但有多种类型，可恒温存放血液、药品并设计有防滚架。例如，血液保存箱专门用于血液的储存，温度恒定在3~5℃，这个温度对血液的保存最适合。血液保存箱与家用冰箱的最大区别在于箱内温度的均匀性。再如，专门用于疫苗和药品储存的冷藏箱，温度恒定在2~8℃，这个温度对疫苗和生物制剂的保存最适合。

②机载医疗监护设备　由于得到医疗救援的人群往往生命体征较弱，在送抵地面救治医院之前，有必要对伤病员采取连续的医疗监护和基本的维持治疗。因此，机载医疗监护设备就成为专业化医疗救援飞机的必备设备。

机载医疗监护设备能够对伤病员的心率、血压、呼吸、脉搏、血氧饱和度等进行专业监护，实时获取伤病员的生命体征数据，以便医护人员提供恰当的应急医疗处理措施。在某些军用医疗救援直升机上往往还装备有包括呼吸机、体外除颤仪等专用医疗急救设备，这些设备体积小、重量轻、功耗低，能够直接使用机上直流28V电源，且不与飞机的航行系统产生电磁冲突。然而，由于市场需求非常有限，加之机载设备对适航的严格要求，以上这些设备的价格通常非常昂贵。

（4）航空医疗担架

航空医疗担架是极为重要的航空应急救援器材，可以极大提高救护质量，降低长途转运中对伤病员造成的各类二次伤害。目前，我国尚不能生产符合适航标准的航空医疗担架。

（5）红外探测系统

红外探测系统一般需具备环境适应性好、隐蔽性好、抗干扰能力强等特点，能在一定程度上识别生物目标，且设备体积小、重量轻、功耗低。搜索救援所用的前视红外跟踪系统能在各种气象条件下，通过感知人体温度与外界不同的特性，快速对被救人员进行定位。

（6）大功率广播系统

大功率广播系统在群体性应急救援行动中也是极为必要的机载设备，通过该设备可以随时向地面广播重要的通知、通告或其他重要信息。在2009年初的澳大利亚森林大火期间，由于个别偏远地区通信中断，澳大利亚救援直升机通过机载广播系统向受困在房屋内的居民提供了救援信息和灾情通报，提醒居民掌握在森林大火发生时的救生常识，避免盲目逃生，有效降低了伤亡率。

6.3.5　森林航空应急救援体系建设

6.3.5.1　我国森林航空应急救援的现状

我国森林航空消防工作起步于1952年，多年来，在党中央、国务院的亲切关怀下，在通用航空及有关部门的大力支持下，得到了较快发展，并在我国森林防火抢险救灾中发挥着不可替代的作用。目前，我国已建有两个正厅级森林航空消防救援机构，分别为北方航空护林总站(简称北航总站)和南方航空护林总站（简称西航总站)2个。东北林区已建成 16 个航空护林站（点），其中，林业自建可供固定翼飞机起降的航站 7 个、直升机航站 4 个、利用民航、通航公司和军航机场的航空护林站 5 个；西南林区已建成 6 个航空护林站，并以流动航站形式设立了 8 个航空护林基地，全部依托民航和军航机场。

2007 年，国家批准了北京、陕西、江西、湖北、河南等 5 个省组建航站，其中北京、江西、河南已于当年开航。2010 年，根据国家森林防火指挥部出台的《森林航空消防管理暂行规定》，全国森林航空消防形成了以黄河为界的北方和南方两大体系，其中北航总站负责管理黄河以北的北京、天津、河北、山西、内蒙古、辽宁、吉林、黑龙江、陕西、甘肃、青海、宁夏、新疆 13 省（自治区、直辖市）的森林航空消防工作；西航总站负责管理黄河以南的云南、四川、重庆、贵州、西藏、广西、广东、江西、河南、湖北、湖南、上海、江苏、浙江、安徽、福建、山东、海南 18 省（自治区、直辖市）的森林航空消防工作。据统计，目前全国森林航空消防共设置航线 206 条，航线总长度 94 500km，航护面积约 $230 \times 10^4 km^2$（其中北方 $59 \times 10^4 km^2$，南方 $171 \times 10^4 km^2$），约占总面积24%。随着森林航空消防事业的不断发展，航护手段已由初期单一的空中巡护发展到目前的巡护、火场侦察、机（索、滑）降灭火、吊桶（囊）灭火、机群化灭、空中指挥扑火、防火宣传、火场急救等多种形式，航护调度、指挥能力得到很大提高，场站基础建设初具规模，已初步形成功能齐全、分工明确、合作协调、运转正常的森林航空消防管理体系，成为活跃在北方和南方林区的一支重要森林消防应急救援力量。

6.3.5.2 我国森林航空应急救援存在的主要问题

（1）森林航空应急救援范围仍然较小，不适应当前森林防火严峻形势的需要

目前，随着全球气候变暖，我国森林防火形势日益严峻，森林防火任务十分艰巨，而我国正式开展森林航空消防的地区仅有云南、四川、重庆、贵州、广西、广东、江西、河南、山东、黑龙江、内蒙古、吉林、辽宁、新疆、北京等 15 个省（自治区、直辖市）。这些地区有的森林航空消防才刚刚起步，还没有达到森林航空消防全覆盖，特别是我国西部地区森林防火基础设施落后，森林航空消防还有待进一步加强。

（2）森林火灾扑救仍以人力为主，空中直接灭火应用不广泛

受客观条件的制约，目前，我国森林火灾扑救仍主要依靠人力直接扑打，处于比较原始落后的状态，灭火效率低、安全隐患大，亟需通过大力发展直升机载水灭火、固定翼机群洒液灭火、直升机供水以水灭火等方式提高扑火效率，促进我国森林火灾扑救由人力直接扑打向以水灭火阶段转变，尽快缩短我国与先进国家间的差距。

（3）可用的大中型直升机机源严重不足

随着我国森林防火形势的日益严峻，我国森林航空消防飞机总量不足与防扑火任务繁重的矛盾越来越突出。从已开展森林航空消防的省区来看，按最低标准的每 $3 \times 10^4 km^2$ 左右（以机场为中心，半径100km左右范围）部署 1 架直升机计算，仅南方 $171 \times 10^4 km^2$ 的航护面积，就需 57 架直升机才能基本满足需求。而我国通航市场，可以承担灭火任务的 M-171 和 M-26 直升机共有 10 架，能参加森林航空消防的只有 6 架，仅为目前南方实际需求量的 10%，一定程度上影响了业务的正常开展。森林航空消防工作面临的是无机可用，特别是就今后在全国扩大航护范围而言，飞机缺口会更大。

（4）地方投入与森林防火实际需要仍有很大差距

2003 年底，财政部和国家林业局对飞行费进行改革，实行中央与地方按 7∶3 比例承

担；2007 年又进行调整，对西部省区，中央财政承担的飞行费比例提高到 80%，中部省份中央财政承担 50%。然而近年来，我国通航市场已经放开，航油价格不断上涨，通航飞行保障收费大幅度增加，加大了通航企业的运营成本。因此，飞行费价格逐年提高，中央投入部分也逐年增加。但由于中西部省(自治区、直辖市)是经济欠发达地区，地方飞行费的投入多年不变，造成与通航企业签订的飞行小时少，且飞机只能在森林防火紧要期租用，不能与森林防火期同步，出现首尾不能相顾的被动局面，同时还存在中央与地方的飞行费配套不平衡，中央投入受地方投入制约的被动局面。

(5)低空管理体制复杂，限制了森林航空消防飞机的机动灵活性，不适应抢险救灾的需要

一是森林航空消防飞行必须按照申请—批准—飞行的程序进行，严重制约了森林航空消防扑救森林火灾快速反应的优势。二是由于我国空域复杂，森林航空消防飞行需要层层报批，手续繁杂，尤其对跨空域的飞行，需几个空管部门同时批准，一旦其中某一环节出问题，飞机就无法到达目的地。三是在安排飞行任务时，一般都要提前一天申报计划，报空管部门批准，而森林火灾的突发性很强，有时遇到突发火情，飞机需要紧急起飞，难度则比较大，如果要跨大空域飞行，难度更大。四是由于调机距离远，要转好几个机场，空管环节多，在任何一个机场都有可能被拖上好几天，而且还不能按最近航线飞行，影响了森林航空消防工作。

(6)人员编制不能满足森林航空消防事业发展的需要

以西航总站为例，由于历史的原因，现编制人数为 129 人(其中总站机关为 50 人，下属各站为 12~13 人)。随着航护事业的发展，任务加重、航期延长、工作量增加、航护范围扩大等，原来的人员编制已远远不能满足发展的需要。另外，随着西航总站参与处置重特大森林火灾的机率越来越高，适应森林航空消防的管理人才也很缺乏。

(7)事业经费少，职工收入水平低

北航总站和西航总站是全额拨款事业单位，事业经费有限，承担的任务较多，从事的工作高危。随着经济社会的发展，物价水平的上涨，公务员工资的增加，作为一支长期与火魔作斗争的抢险救灾队伍，与同样性质的单位和部门相比，职工总体收入还处于较低层次，工作积极性受到一定程度的影响。

6.3.5.3 对发展我国森林航空应急救援体系的建议

(1)适当增加中型以上直升机和大型固定翼灭火飞机

针对已开展森林航空消防的省区中型以上直升机严重不足，许多省份即将开展森林航空消防业务以及森林防火形势受气候异常影响日趋严峻等客观现实，建议国家加大对通用航空企业的扶持力度，加快引进中型以上直升机和固定翼飞机，如：俄罗斯生产的 M-26 直升机(载水 15t)、K-32 直升机(载水 5t)、高原型的 M-171 直升机(即 O7 型直升机，载水 3t)和加拿大生产的 CL-415 固定翼洒水飞机(载水 6t)等，以适应我国森林航空消防工作的需要。

(2)解决救援飞行器动力、机载设备和救援装备的配套与自主保障问题

积极引导地方政府、国有企业和民营资本进入航空应急救援专用装备的制造领域。专用的航空应急救援设备应由国家出资购买，一部分设备分配给各通用航空公司，随时备

用，并允许其在商业作业时免费使用。另外，在各个地区，森林航空应急救援中心应保留一定规模的储备，以备大规模的救援之用。

（3）积极争取放宽低空空域管制

目前，我国低空管制体制复杂，限制了森林航空消防飞机的机动灵活性，不适应抢险救灾的需要。因此，建议国家逐步开放低空空域管制，尽可能赋予森林航空消防部门自行调配飞行的权限，减少上报层次，缩短空中灭火飞行计划的报批时间，提高森林航空消防效率。

（4）加强基础保障设施建设和信息系统建设

森林航空应急救援体系建设包括了庞大复杂的地面基础保障设施的建设。在构建具有我国特色的综合一体化航空应急救援体系中，各类地面基础保障设施的建设必须引起有关各方的高度重视，否则将严重制约救援能力的发挥。

森林航空应急救援信息系统是救灾人员的眼睛和耳朵，失去清晰明亮的眼睛和灵敏的耳朵会给救灾带来巨大的困难。森林航空应急救援信息系统建设重点应放在以下几个方面：

首先，建立快速响应的灾情系统联动机制。我国三大电信运营商各自独立运营，缺乏突发事件来临时的通信资源整合以保证通信畅通的预案。往往发生某类自然灾害时，一家运营商不通时，其他各家运营商的通信都不能保障。这种现状必须改变，气象、水利、地质、地震、海洋、林业、森林防火等部门要组织专家，运用信息技术、电子计算机技术、现代通信技术和现代化的手段，加强对不同类型灾害的分析、判断和监测，提高灾害信息预警、预报的准确度。

其次，对实时传输技术装备与通用航空飞行器平台进行有效整合。目前国内许多部门已装备很多实时传输技术装备，但都属于地面固定使用或车辆移动使用两种，尚未考虑在符合国家无线频谱资源法规的情况下，在通用飞机上也开发使用此类设备。所以，打破各自为政的现状是森林航空应急救援信息系统建设亟待解决的关键问题之一。为最大限度提高救援反应速度，应该努力推动地面通信资源、卫星通信资源与航空移动通信系统在应急使用上的整合，实现应急通信的多重保障。要建立国家森林火灾灾害信息管理系统，及时收集、加工、处理灾害种类、等级、发生时间、灾害中心、影响区域、损失情况等各类灾害信息，为灾害管理和指挥机构开展救援活动提供依据。

最后，对卫星遥感图与航空遥感图技术资源进行有效整合。对于森林航空应急救援而言，能否迅速做好灾害救助工作，取决于灾害信息实测实报的反应速度。要整合地理信息资源，建立省一级的遥感信息资料库，应至少保有全年的全省遥感信息图，以及2个季度的全省俯视航拍图资料。

（5）森林航空应急救援人才队伍建设

森林航空应急救援是技术密集性产业，不仅需要拥有大量高性能的救援飞机和分布均匀、设施完善的地面服务保障设施，以及体系完整、规范严谨的法律规章体系，更需要有大量专业化的人才队伍。

森林航空应急救援所需人才范围非常广泛，对人才的要求也比较高。一般而言，航空应急救援人才可分为5类。

①信息型人才　这种人才是应急救援决策部门的"千里眼""顺风耳"。他们是应急救援人才结构中的基础型人才，担负着应急管理的预警工作，其任务是及时、准确、全面收集信息，而且要不停地更新和反馈信息。信息型人才的核心素质是灵敏性、选择性和责任心。

②操作型人才　这类人才是现场处理危机和突发事件的专业技术人才，例如，森林消防员、警察、医护人员、飞行员、绞车手、救生员以及地面通信的保障人员等。合格的操作型人才除要具备专业化的知识和技巧外，还要有快速反应能力，有很强的协同性和整合现场各种资源的能力。

③监督型人才　应急管理中，需要有人专门对整个事件的处理过程进行记录和跟踪报告，加强处理的透明度并对事件起因、处理、损失和善后进行评估。这类人才要求具有专业背景、动态跟踪能力、整体评估能力和政策把握能力，其中整体评估能力是关键。

④执行型人才　执行型人才是应急管理中的前线指挥官。这类人才必须既能领悟决策层的精神又能很好地对其贯彻下去，同时具备很强的专业背景，能从整体上准确把握事态进展，并根据事态发展迅速而果断地制订出可操作性的行动计划。简言之，这是一种能"上通下达"的人才，是应急管理的中坚力量。

⑤决策型人才　这类人才是应急管理中最高层次的人才。决策型人才应具备 5 种核心能力：一是对宏观事态的全面把握能力；二是对事态发展趋势有超常的预测能力；三是临危不惧、处乱不惊的心理素质；四是熟悉事件的产生、发展、影响以及化解方法，对事态有整体、科学、深刻、系统和动态的把握，并能在事态发展的不同阶段迅速而准确地作出相应对策；五是对事业、国家和人民具有高度的责任感。

森林航空应急救援人才的培养目前在我国尚属空白。为了满足当前日益严峻的森林防火形势需要，森林航空应急救援人才队伍建设应该采取以下措施：

一是根据航空护林总站的实际工作情况，结合管护的区域范围等，适当增加森林航空应急救援人员的固定编制数量。

二是森林航空消防属于抢险救灾性质的社会公益性事业，其工作人员待遇要体现行业的高危性和特殊性，逐步提高空、地勤人员的相关待遇标准。

三是由国家林业局牵头，由南京森林警察学院和南、北方航空护林中心承办，通过开展学历教育、定期培训或轮训等多种方式，进行人才培养，建立一套完整、规范、持续的人才培养机制。

6.4　森林火灾航空调查

6.4.1　森林航空调查发展概况

1858—1903 年间，先后出现采用系留气球、载人升空热气球、捆绑在鸽子身上的微型相机、风筝等拍摄的试验性的空间摄影。1903 年，莱特兄弟发明了飞机，促进了航空遥感向实用化飞跃，此后各国进行了一系列航空摄影，摄影测绘地图问题得到重视。第一次世界大战推动了航空摄影的规模发展，相片判读、摄影测量水平也获得极大提高。1930 年起，美国的农业、林业、牧业等许多政府部门都采用航空摄影并应用于制定规划。

我国虽于 20 世纪 30 年代在部分城市开展过航空摄影，但系统的航空摄影开始于 20 世纪 50 年代，主要用于地形图的制作、更新，并在林业领域的调查研究、勘测、制图等方面起到了重要的作用。完成了一批全国及省（自治区、直辖市）范围的大型应用项目，如"三北"防护林航空遥感综合调查研究，取得了良好的经济效益和社会效益。据有关地区的土地利用遥感调查数据表明，与常规地面调查相比，大大节省了人力、物力、资金与时间。在长江流域水灾监测、大兴安岭森林火灾监测和灾情评估及天气预报（尤其是灾害性天气预报）等应用中，航空调查发挥了重要作用，对国民经济和人民生活产生了巨大影响。

20 世纪 70 年代以来，航空摄影测量已进入业务化运行阶段，广泛渗透到各地区和部门。其中有农业生产条件遥感、作物估产、国土资源调查、土地利用与土地覆盖、水土保持、森林资源、矿产资源、草场资源、渔业资源、环境评价和监测、城市动态变化监测、水灾监测、火灾监测、森林和农作物病虫害监测、气象监测、港口铁路水库电站工程勘测与建设等领域，大大推动了我国航空调查应用的全面发展。

总之，我国航空调查事业的发展，经历了 20 世纪 70 年代至 80 年代中期的起步阶段、80 年代后期至 90 年代前期的试验应用阶段，以及 90 年代后期的实用产业化阶段，在航空遥感理论、遥感平台、传感器研制、系统集成、应用研究、学术交流、人才培养等方面都取得了瞩目的成就，为航空遥感事业的发展和国家的经济建设、国防建设做出了应有的贡献。

6.4.2　森林火灾航空调查的主要内容和方法

6.4.2.1　利用航空遥感技术进行森林火灾危险等级划分

（1）依据

①森林植被（可燃物）的状况　森林可燃物是林火发生和蔓延的物质基础，森林的可燃性与森林类型有密切的关系，针叶林比阔叶林易于燃烧，落叶阔叶林比常绿阔叶林易于燃烧。

②气候状况（火环境）　火环境是林火发生与蔓延的主要条件，森林火灾的发生发展，很大程度上受气候因素的影响。例如，气温、湿度和风速，特别是风。

③火源　火源是森林火灾发生的导火索。星星之火可以燎原，所以，火源是林火发生和蔓延的主导因素。

（2）方法

利用航空遥感图像能够得到森林分布和森林类型的信息，根据森林类型的分布判读森林植物本身的可燃性，以标定森林火灾可燃物的危险等级。燃烧环境中气象因素是通过地形因素推断的，因为地形因素支配着水、热分布。例如，阳坡比阴坡干燥而温度偏高，山顶比山角风大，所以依地理位置、地形地势即可标定出气象因素的等级高低。此外，引起森林火灾的火源除少数为雷电引起的自然火源外，一般为人为火源，人为火源又多为生产、生活用火所引起的，所以可以根据农地及居民点的分布来判读火源的存在，可按照火源密度的大小来标定其火源等级。

利用航空像片(包括像片略图、像片平面图),结合上述 3 方面可以绘制森林火灾危险等级分类图。例如,在昆明温泉林区,利用航空像片判读出的森林类型为:常绿阔叶林、云南油杉林、落叶阔叶林、云南松林,具有由弱到强的燃烧性能;再结合坡向提供的(阴坡、半阴坡、阳坡)由弱到强的燃烧环境,综合归纳为易燃级(Ⅰ)、可燃级(Ⅱ)、难燃级(Ⅲ);最后转绘编制出森林火灾危险等级图。

6.4.2.2　过火区域的林地类型调查

森林火灾特别是大面积森林火灾发生后,过火区域可能涉及不同的森林类型或林地类型,林业上通常是按照内部相对同质的单元划分森林类型或林地类型的,例如,根据树种可以区分为同龄林、异龄林,根据龄级可以区分为幼龄林、中龄林、成熟林等,根据郁闭度可以区分为低、中、高郁闭度林分等。航空像片上能够反映地物细部,所以按照林业区划所要求的因子比较精确地勾绘出轮廓(如森林小班),而后转绘成图,可以分别求算出不同林地类型的面积等指标。

6.4.2.3　火烧迹地面积调查

①飞行调查法　飞机沿着火烧迹地的边缘飞行,根据飞行速度和飞行时间求算火烧迹地的面积。

②飞行勾绘法　飞机载人沿整个火场外围边缘飞行,勾绘人员将沿线主要地物标志勾绘在大比例尺地图上,再逐个将整个火场内部情况分别勾绘在图上,绘制成火场图,利用求积仪求算火烧迹地的面积。

③航空摄影测量法。通常以国际分幅的图幅为摄区,敷设平行航线,相片航向重叠度要求 60%,旁向重叠度要求 30%~35%,以保证获得全区的立体重叠。大面积地区进行测图,调查设计工作都是沿用这类摄影。火烧迹地摄影后,对航拍相片进行判读,求算出火烧迹地的面积。

火烧迹地形状多呈不规则的形状,影像边缘有缺裂伸向林地。色调一般是淡灰或浅灰色,立体观察下可以看到在低湿洼地处有群状或单株未烧死的树木。在比例尺大于1:15 000 的像片上可以看出有杂乱的倒木,呈淡灰色相互交错的细线状。在火烧迹地上,枯立木的树冠影像为白色,树冠投影大小不同、形状不规则。由于受火灾的影响,与火烧迹地相连的林分变得稀疏、单株成群状生长的枯立木或正在干枯的树木的影像呈白色。

6.4.2.4　森林火灾种类调查

应用航空像片也可以判读森林火灾的种类,通常树冠火、地下火比地表火损失严重,较易判读勾绘。例如,在比例尺为 1:34 000 的红外彩色片上,被烧林分或草地色调为黑色或灰色。在立体镜下可以清楚看出被烧死的立木,而未被烧死的健康木仍然为红色的颗粒,还能看到被烘烤而死的立木呈黄色的树冠颗粒。从林分的龄组来看,幼树由于树冠低矮,发生火灾则全株烧毁,因而影像颜色深黑。中龄林下的地表火,树冠未完全烧毁,黑色影像中夹杂红色斑块或颗粒。

6.4.2.5　森林蓄积量的判读

目前,利用航空像片判读森林蓄积量已经有多种方法,除利用森林蓄积量判读样片、航空像片材积表、航空像片蓄积量表进行判读外,还可以利用航空像片小班判读蓄积与实测蓄积回归、数量化林分蓄积多元回归估测法,以及航空像片、地面调查相结合的多阶抽样，以得到控制总体的蓄积量。

6.4.2.6 火烧迹地的动态监测

利用原有数据作为前期测定值，以近期航空像片成数点抽样所得结果作为后期测定值。然后利用前后期目的地类的面积差值，进行动态分析。

利用新旧航空像片成数点抽样进行火烧迹地动态变化监测时，新旧像片上两个时期的成数点必须严格地点点对应，两个时期的判读成数点视为两次固定样地的连续调查，动态变化按固定样地的连续调查公式进行分析。

思考题

1. 森林航空消防宣传通常可以采取哪几种形式？
2. 简述飞机人工增雨的基本原理。
3. 简述飞机人工增雨作业的特点。
4. 简述飞机人工增雨的作业方案。
5. 简述飞机人工增雨的作业安全
6. 简述森林航空应急救援的特点。
7. 简述森林航空应急救援的原则。
8. 简述森林航空应急救援的装备
9. 简述森林火灾航空调查的主要内容。
10. 简述森林火灾航空调查的主要方法。
11. 论述森林航空消防宣传的目的和意义。
12. 如何建立我国森林航空应急救援体系？

本章推荐阅读书目

1. 张思玉，张惠莲. 森林火灾预防[M]. 中国林业出版社，2006.
2.《空军装备系列丛书》编审委员会编. 航空气象装备[M]. 航空工业出版社，2009.
3. 贺庆棠. 气象学(第2版)[M]. 中国林业出版社，2006.
4. 于耕. 航空应急救援[M]. 航空工业出版社，2009.
5. 张思玉，郑怀兵主编. 森林防火知识读本[M]. 中国林业出版社，2012.
6. 杜永胜，王立夫. 中国森林火灾典型案例[M]. 中国林业出版社，2007.
7. 林辉等编著. 林业遥感[M]. 中国林业出版社，2011.
8. 张思玉. 林火调查与统计[M]. 中国林业出版社，2006.

森林航空消防技术档案

森林航空消防技术档案（archives of aviation technology for forest fire control）是航空消防（aviation for forest fire control）工作过程中形成的文字、图表、声像等形态的记录，具有保存与利用价值的材料。航空消防技术档案管理工作在森林消防规范化建设中占有重要地位。完善的消防档案能对各项业务工作起到指导与借鉴的作用。森林航空消防技术档案反映了森林消防职能活动最具特色的部分，是记录森林航空消防站在扑救森林火灾、处置抢险救灾、突发事件等发挥社会效能的过程中，形成的格式稳定、数量庞大、功能特殊的多门类专门技术档案。

森林航空消防技术档案建设同其他各行业档案建设一样，主要采用传统的人工操作资源建档方式和档案保管方式，工作效率低下。再加上我国目前航空消防站相对较为年轻，传统的资源建档方式档案资料来源面狭窄，单位内部档案还不完善，尚不能广泛征集林业行业内外丰富的、有利于历史记忆的资源，所建档案还具有一定的局限性。

目前，随着我国整个社会经济的迅速发展，森林航空消防建设发生了巨大变化，航站建设的新领域、新项目不断增加，横向纵向的联系不断增多，业务量成倍增长，森林航空消防档案建设面临着新的机遇和挑战。本章结合江西省森林航空消防档案管理工作实际，对航空消防技术档案进行总结。

7.1 森林航空消防技术档案的建立

7.1.1 森林航空消防技术档案的重要性

森林航空消防技术档案的建立对摸索火灾发生发展及分布规律，对林火采取预防和扑救措施等均有很大的参考价值。并可提供科研的必要资料，对航空护林科学化管理，提高经济效益，提供科学的依据，对航空护林事业的发展有着极其重要的意义（王忠宝，1992）。航空消防技术档案的重要性主要表现在以下几个方面：

（1）建立森林火灾预警系统的需要

森林火灾发生对森林生态系统和环境的影响是巨大的，损失是惨重的。森林防火工作事关森林资源安全和生态安全，事关人民群众生命财产安全，事关改革、发展、稳定大局。我们要按照"隐患险于明火，防范胜于救灾，责任重于泰山"的要求，以强烈的责任意识，果断的工作措施，坚决打好森林防火攻坚战，打好森林资源的保卫战，维护好国土生态安全，促进社会经济可持续发展。森林防火工作同时也要求我们能够贯彻落实"以人为本、预防为主、积极扑救"的森林防火工作方针，有效预防和及时扑救森林火灾，最大程度地减少森林火灾危害，保护森林资源、公民人身和财产安全，促进国民经济和社会可持续发展，维护自然生态平衡和公共利益。因此，建立林火危险度预警系统，是做好森林火灾预防工作的基础。

利用航空消防技术档案资料，进行森林火险区划、建立森林防火林带或确定防火线的适当位置、及时掌握重点防火区域的取火位置、科学规划航线等。从而，完善好森林火灾的危险度预警系统，落实好省级行政区域森林火灾的防范和应急处置工作。

（2）研究森林火灾发生规律的需要

森林火灾的发生都有其客观规律，都与可燃物类型、火源条件和火环境之间的关系以及林火的时间和空间的分布密切相关。运用好这些规律，并采取各种有效的措施和手段，才能有效地防止森林火灾的发生。因此，我国的森林防火方针早就确定为"预防为主，积极消灭"。森林火灾的预防工作是防止森林火灾发生的先决条件，是一项非常艰苦的，而且是群众性和科学性都很强的工作。所以，必须做好森林火灾发生规律的研究。同时要根据各林区的自然特点和社会经济条件进行防火规划，完善各种防火设施，采用先进的技术手段，才能不断加强林火控制能力和林火管理水平。而森林航空消防技术档案的建立，正是帮助人们研究森林火灾的发生与发展规律。

建立森林航空消防技术档案，实现森林资源数字化动态管理，提供准确的数字，提高工作效率；为研究分析森林火灾发生的季节、原因，掌握森林火灾发生规律提供依据；在我国南方林区，为营林安全用火标准的制订提供了详实的数据资料；可有效地分析林火气象及地形对林火的影响（杨艳秋 等，2008）；利用档案中的影像资料，建立数据库，进行数据分析，建立林火燃烧模型等，使查阅方便、快捷、直观（杨艳秋 等，2008）。

（3）提高森林火灾处理能力的需要

航空消防技术档案是森林航空消防系统最有价值的记录，在森林消防业务工作中发挥着重要的作用。它记载着森林航空消防文明的优秀成果，也反映出森林航空消防历史的经验和教训；航空消防技术档案也记录着森林消防过程中的处置抢险救灾、扑救森林火灾，对社会进行森林防火监督和设备改造，在发挥社会效能的过程中，形成的数量庞大、格式稳定、功能特殊的多门类专门档案，消防档案反映了森林消防职能活动最具特色的部分。完善的航空消防技术档案能对森林防火业务工作起到指导与借鉴的作用。总之，消防档案管理是一项基础性工作，其落实的好坏关系到各项消防任务能否顺利完成（闫学薇，2004）。如果没有森林航空消防档案，就不懂得森林航空消防的历史和消防文化，因此，通过档案资料，认真吸取处理森林火灾的经验和教训，可以进一步改善扑火队伍设备、提高扑火队员的自身防护水平和自救能力、有助于防火和灭火新技术的开发（杨艳秋 等，2008）。

当然，一场森林火灾过后也要进行森林火灾的灾后调查，并将所有的记录、调查、统计、分析等文字图表资料进行存档备案，并对森林防火工作进行科学评估。能更有利于森林火灾预报与监测、森林火灾损失评估及森林火灾后重建与恢复。提高对森林作用和生态地位的认识，高度重视森林防火工作，提高森林防火宣传工作者的自身认识，广泛宣传森林防火的重要性（杨艳秋 等，2008）。

因此，航空消防技术档案的建设，是提高森林火灾处理能力的重要方法和手段。它可为调度指挥、领导决策提供科学的依据。如果靠以往的经验和行政命令手段去指挥航空护林飞行灭火工作，可能会给工作造成经济损失和不良的影响，只能依靠档案资料，才能对林火的预防及扑救做出科学决策（王忠宝 等，1992）。

（4）做好灾后处理减小火灾损失的需要

森林航空消防档案记录整个森林航空消防的发展史，如建立森林航空消防机构的时代背景、条件，森林航空消防系统机构的配置、机构名称、系统各站人员编制、机构性质、工作职能、机构级别等，同样能够发挥查考和凭证作用，也可作为参考资料或证据进行引用。

森林航空消防技术档案为森林火灾灾后的评估和灾后管理提供了有价值的参考资料；对灾后的恢复重建工作也起到了举足轻重的作用，努力把灾害损失降到最低程度；是森林火灾现场分析和火灾新技术鉴定的依据，也是森林火灾原因认定的重要资料数据。

（5）提供森林消防信息服务的需要

森林航空消防技术档案可以更好地发挥存史资政、惠民育人的重要作用。建设森林航空消防档案，就是建立森林航空消防历史，永久地存留于档案之中。有了无缝延伸、全覆盖的森林航空消防档案，就可以为今后地方各级政府、各级森林航空消防部门、各级林业部门及其他各有关单位提供查考有关问题的依据和凭证。可见森林航空消防档案不仅是一种珍贵的历史记忆，也是一种优秀的历史文化，可受惠于后人，启发、教育后人。可以说，森林航空消防技术档案是教育人民群众的真实生动的教材，对增强全社会的防火意识，控制火源，预防林火发生，教育广大人民群众都有着极其重要的作用。例如，大兴安岭"5·6"特大森林火灾火场动态档案电视录像片，真实记录着大火吞噬森林资源，人民的生命和财产的悲惨场面。生动地教育了广大人民群众自发性的遵守森林防火制度，增强了人民群众的防扑火意识（王忠宝 等，1992）。因此，森林航空消防档案可以将档案中的影像、图片等资料整理制作成宣传画册或短片在电视等媒体上播放（杨艳秋 等，2008），达到森林防火宣传教育的目的。

森林航空消防技术档案也能提供信息在线服务，建立森林消防档案信息服务新模式。当今社会人们更注重信息的时效性，传统的档案利用方式将被逐步淘汰。森林航空消防技术档案管理部门可以在电子文件数据管理中心建立强大的档案信息检索功能，提供有限制或非保密性电子文件的查询、利用服务，也可以在网页上设置专题、提供数据库查询、电子信箱等服务方式，让利用者与档案室通过电子邮件在网上进行快速通信，进行信息交流。各基层单位也应建立自己的档案主页，在保证信息安全的前提下，逐步实现档案内容的全文上网，为后续森林消防管理工作提供全方位、高效快捷的服务（苏婷婷，2013）。

虽然信息高速公路在我国尚在起步阶段，但森林航空消防技术档案事业应超前拿出对策。知识经济时代档案工作的改革创新方向就是走信息化道路，建立以档案信息收集、加工、贮存、检索服务为主要内容的工作实体。现有的高速扫描仪、字符识别仪、语音识别仪、光盘刻录机等数据录入和存储设备在现代化办公中的广泛应用，为档案信息输入及文书、声像资料的存储打开方便之门。档案信息电子化可一次投入、多次产出，缩短二次文献信息的加工时间，提高档案信息的时效性。各种功能强大的档案管理应用软件，可以帮助档案管理者充分挖掘资源潜力，避免不必要的重复和浪费，档案利用者更可以足不出户，各类信息便信手拈来。各级消防档案管理的具体执行者应着眼于未来，不遗余力抓住这个时机，将消防档案管理工作做强、做好。当然信息化建设不是一蹴而就的，需要投入大量的人力、物力、财力，需要不断总结、积累经验，并结合本单位实际，遵循事物发展的规律，有计划分步骤地实施。档案作为一种原生的信息资源，其重要性正日益凸显出来。面对这种挑战档案工作者应积极应对，不断学习理论知识，逐步掌握信息技术为档案工作服务，实现消防档案管理工作全方位的改革与发展，为社会主义经济建设服务，为社会主义精神文明建设服务（苏婷婷，2013）。

7.1.2 航空消防技术档案的建立

航空消防技术档案的建立主要包括：档案材料的收集、整理、筛选、立卷、编目、鉴定、保管、统计、检索和利用等相关工作（张玉贵，1990）。

（1）收集

过去许多森林防火历史资料分散在各个部门和个人手里。消防档案管理部门必须采取查档与走访相结合的办法，千方百计把资料搜集起来，这是建档工作的基础。也就是说，及时、完整地收集防火档案材料，是做好防火档案工作的前提。防火办业务人员了解防火材料在形成中的来龙去脉，熟悉其内在联系，对全面收集和合理归卷十分有利。

森林航空消防技术业务广泛，涉及省、市（州）、县及乡镇的广大国有林区，国家级、省级、县级自然保护区以及大面积集体林区体制改革后集中连片属于林农所有的林区。这些林区通过卫星监控或空间巡护，一旦发生火情火灾，急需地空配合，及时组织扑救。森林航空消防技术这一业务任务十分繁重而艰巨，要求准确而细致，否则火情火灾发生于何地行政区域难于准确判定，造成更大损失。为此，森林航空消防部门应通过各级林业行政主管部门行文，广泛征集航空消防区域内的林区分布、图文资料，建立与电子政务部门沟通的电子文件档案，实现由航空护林总站及下属站统一管理、利用文件档案的目标（张玉贵，1990）。

与此同时，在过去原有各类传统档案基础上，应不断地扩大调查，收集许多零散而有保存价值的档案史料。通过整理、分类等一整套程序，建立无缝延伸、全覆盖的森林航空消防系统文件档案，对于重点基建项目、机构设置、人事、人员编制、机构性质、财务、文件文书、新上重点项目、年度巡护灭火等进行专项收集。

航空消防技术档案的收集工作要注意以下几点：

①要力求完整　如对一场森林火灾，其发生的天气状况、火源及扑救过程的原始记录，迹地勘察报告，直至最终的火案处理材料等，都要全面收集（崔丽娟 等，2009）。

②要力求清晰　对于原始手写记录纸张要求使用统一的原始记录稿纸，并按时间顺序编写页号；原始手写记录要求使用耐久字迹材料的黑色或蓝黑色的钢笔或中性笔；字迹要工整清晰；在图纸上，要求有火场名称起火点的经纬度坐标，火场周围的地形地貌，图例等信息；林火统计报表要求内容完整数据真实格式统一。

③要力求多方面的支持　收集档案材料要积极争取领导的支持，明确各级业务人员收集的职责及林火材料收集的范围、要求、时间及奖惩办法；业务人员在林火发生并开始进行林火扑救时，要注意收集保存林火和扑救的有关材料，林火扑灭后，要全面整理检查相关材料，补齐遗漏的材料，封存由专人管理，防火期后交档案室统一保管（杨艳梅，2012）。

（2）整理

收集上来的资料内容常常十分广泛，按年度、性质、级别、内容等，将其进行分类及时整理，使之系统化、规范化。对于一项工作中的数份文件应集中存放。如一项防火工程，其设计、报告、批复、施工、验收等过程中形成的文件材料都应集中存放，这样才能反映该项工作的主要过程（崔丽娟 等，2009）。

（3）筛选

确定归档范围，剔除那些无保管利用价值的文件材料。对上下级文件、电报、电话记录、会议记录、值班记录、山火登记表、山火统计表、领导讲话、山火案件查处记录、森林防火责任状，有关的图、表、册和照片等要保存归档。对于重复文件、事务性文件、未经讨论和审查的一般性文件草稿、无保留价值的抄件，如与森林防火无关的文件材料，其他单位发来供工作参考的抄件，重印的材料，未生效的文件，一般性文件除定稿以外的历次修改稿，摘录供参考的资料等应及时清除销毁。

（4）立卷

要做好平时归卷。可以根据森林防火工作内容，分成几大类，每类一个文件夹，办理完毕的防火文件材料随时"对号入座"，归入有关卷夹。这样可以有效地防止文件散失，方便查找，也为立卷工作打下基础（崔丽娟 等，2009）。

一般地，按时间先后进行立卷。先按年度将资料归拢在一起，再按资料的性质立卷。这样可明显反映出不同年度内的工作特点和历史面貌，便于查找利用。

立卷工作要求我们合理划分保管期限。价值高低是确定保管期限的主要依据之一。凡是反映本级森林防火机构主要职能活动，并对今后的防火及科研工作有长远利用价值的文件材料，列为永久保管。如本级森林防火指挥部制发的规范性文件、本级防火组织及其领导变动的文件、森林火灾档案、年限及以上的计划和总结、重要会议和专题活动的材料等。凡是反映本级防火组织一般性工作活动，在较长时间内有考查利用价值的文件材料，列为长期保管。其他在短期内有参考价值的文件列为短期保管。当然，对形成的文件材料数量较少的，也可以仅划分永久和短期两个等次（王本传，1999）。

另外，组卷要科学。①把保管期限相同的文件材料组合在一起，期限不同的应分别立卷和保管；②充分利用平时归卷的成果，把具有共同特点和密切联系的文件组合在一起，每卷以 50~100 页为宜，其中正件与附件，请示与批复，包括一个事件，一次会议中的数份文件材料应放在一起，不能分开；③卷与卷之间的界线要分明，以便于查找；④合理排列卷内文件，使之系统化，并注意正件在前、附件在后，批复在前、请示在后等次序；⑤案卷组合完毕，每卷应加一档案封皮(封面、封底)，并根据卷内文件内容，拟写案卷标题，标明保管期限和文件起止日期等；⑥感光材料和磁性材料形成的档案如果数量较多，应单独分类和立卷(王本传，1999；崔丽娟 等，2009)。

(5)编目

按机关名称、案卷标题、卷内文件的份数、页数、起止日期及案卷号等项目进行编排。开卷第 1 页是"阅卷须知"。卷内目录的内容由顺序号、文件作者、发文号、文件标题、文件日期、所在页码、备注组成。全部案卷装订之后，按年度顺序统一编号，装订编目。装订之前必须拆除曲别针、大头针等金属物，用页码机逐页打号，并根据目录表认真填写卷内目录，最后将排列有序的文件连同目录和封皮的左边和底边足墩齐，在装订一侧打孔，用线绳装订成册。案卷目录是重要的检索工具，一般要求在本级林业机关综合档案室的具体指导下填写，以便统一分类和编号(崔丽娟 等，2009)。森林航空消防技术档案建立好后，由专人进行保管、统计、检索和利用等。

7.2 档案的内容

随着现代科学技术的迅速发展，航空护林档案也越来越被人们所重视。建立健全航空消防技术档案是十分重要的。森林航空消防技术档案应该包括与森林防火有关的所有资料，并分门别类的立卷归档。

7.2.1 林火气象预报档案

气象因子与森林火灾有紧密的相关性。气象因子是决定森林火灾发生和发展的重要因素。对林火气象预报档案进行综合分析，掌握与林火相关的气象因子，如降水量、风向、风速、相对湿度和温度等数据，可研制林火预防及扑救预案(王忠宝 等，1992)。同时，火场上的各种气象要素又是航空消防能否正常开展的前提和基础，火场气象在手写记录里值班员会有记载，但针对一些大的林火或特殊天气情况下的林火，各级气象部门都会做专门的气象分析，这些气象资料对于研究林火发生的规律和森林火灾的扑救工作有着十分重要的意义(杨艳梅，2012)。所以说，林火气象预报档案是航空护林档案中重要组成部分。它主要包括以下几个方面：

(1)火险天气档案材料

天气条件影响着可燃物的含水量，而可燃物含水量的多少影响着可燃物达到燃点前的升温过程和着火后的热分解过程。当可燃物含水率高于某一数值时，一般火源所提供的能量不足以使可燃物温度达到燃点，可燃物就不会被引燃而发生火灾，这个可燃物含水率值称为熄灭含水率或灭火含水率(moisture of extinction，MOE)。可燃物含水量(fuel moisture content，FMC)小于 MOE 时，FMC 越小，林火发生的危险性越大。林火发生的危险程度叫森林火险(forest fire risk)。如果根据某个指标将林火发生的危险程度划分为若干个等级，就成为森林火险等级(forest fire-danger rating)。

森林中的细小枯死可燃物是引火物，其含水量(FFMC)与天气条件密切相关。当FFMC低于MOE时的天气条件，我们称火险天气(fire weather)。

植物在生长季节，草本，树叶等都是活可燃物，其含水量变化受天气条件影响很小，可燃物含水量一般大于MOE，没有火险。当生长季过后，树木落叶，一年生植物枯死，产生大量的细小枯死可燃物。通常含水量较低时，有火源存在，就可以引起森林火灾。

我们也可以这样定义火灾季节：细小枯死可燃物大量产生，且火险天气经常出现的季节。因此，火险天气档案材料可以包含有火灾季节出现的时间、持续的时段、相关气象要素、火险等级等相关信息。

（2）关键气象要素档案材料

① 相对湿度(relative humidity，RH)　相对湿度是空气中实际水汽压(e)与同温度下的饱和水汽压(E)之比的百分数：

$$RH = \frac{e}{E} \times 100\%$$

相对湿度的大小直接影响到可燃物水分蒸发的快慢。在一般情况下，$RH > 75\%$ 时，不会发生火灾；RH 在 55%~75% 时，可能发生火灾；RH 在 30%~55% 时，可能发生重大火灾；$RH < 30\%$ 时，可能发生特大火灾。因此，关键气象要素档案材料，应完整记录每场火灾及其前后时间段的相对湿度，为森林防火提供基础数据。

但如果长期干旱，相对湿度80%以上也可能发生火灾。如果温度很低(低于0℃)，相对湿度也较低，也不易发生火灾。所以，考虑森林火险状态时，仅一个因子是不够的，必须考虑各个因子的综合作用。

② 降水(rainfall，precipitation)　降水直接影响可燃物的紧密度和含水量，特别是枯死可燃物。降水也使空气相对湿度增加到最大值。降水方面可以收集：降水量、降水间隔期、降雪和水平降水等材料。

③ 温度(temperature)　由于空气中的饱和水汽压随温度升高而增大，使相对湿度变小，直接影响着相对湿度的变化。同时，气温升高，可提高可燃物自身的温度，使可燃物达到燃点所需的热量大大减少。这样，就从两个方面增加了森林着火的几率。所以，温度越高，火险越大。因此，关键气象要素档案材料，应完整记录每场火灾及其前后时间段的林内外空气温度。

④ 云量(cloudiness)　云量的多少直接影响地面上的太阳辐射强度，影响到气温的变化，也影响到可燃物自身的温度变化。云量主要记录其数量。

⑤ 风速(wind speed)　风能加快可燃物水分的蒸发，使其快速干燥而易燃；能不断补充氧气，增加助燃条件，加速燃烧过程；能改变热对流，增加热平流，缩短热辐射的距离，加快了林火向前蔓延的速度。所以，风是森林火灾发生的最主要因子。由于风速越大，火灾次数越多，火烧面积越大。特别在连旱、高温的天气条件下，风是决定发生森林火灾多少和大小的重要因子。因此，关键气象要素档案材料，应完整记录每场火灾及其前后时间段的风速、风向，有条件的话，应该记录好火灾现场的风速数据，并与火灾蔓延速

度关联存放。

⑥气压(atmospheric pressure) 气压的变化直接影响气温、相对湿度、降水等气象因子的变化。高气压控制下，天气晴朗、气温高、相对湿度小、森林容易着火；低气压能形成云雾和降水天气，不易或很少发生森林火灾。

7.2.2 重点火险区划和航线技术档案

(1)重点火险区划档案材料

目前，航空消防主要的直接灭火手段是吊桶灭火、索(滑)降灭火、机降灭火、化学灭火、机群灭火和地空配合灭火等。航站有必要掌握管辖区域内的森林资源状况、森林火灾规律，以便科学地进行巡护区的兵力部署、科学地进行航线的规划。因此，森林火险区划方面的档案资料，是航空消防的基础数据和材料。

《全国森林火险区划等级》(LY/T 1063—2008)中的技术规定，森林火险基本区划单位为县(市、区、旗)、县级国有林业(林管)局及国有林场；树种(组)燃烧类型，分为难燃、可燃和易燃3类；各气象火险因子数据应来源于县以上(含县级)气象部门发布的近5年的历史平均值；森林资源各类数据来源于最近一次二类森林资源调查统计；人口密度和路网密度采用近5年最新统计数据；活立木总蓄积，包括有林地、疏林地、散生木及平原林和四旁树的总蓄积；国家级风景名胜区、自然保护区、森林公园以国务院主管部门正式公布为准。全国森林火险区划等级标准见表7-1和表7-2。

表7-1 森林火险因子权重表

火险因子	级 距	权 重
树种(组)燃烧类别	难燃类	0.04
	可燃类	0.1
	易燃类	0.2
人口密度(人/hm²)	≤0.6	0.03
	0.7~1.3	0.14
	≥1.4	0.12
防火期月平均降水量(mm)	≥53.0	0.04
	52.9~24.6	0.11
	≤24.5	0.23
防火期月平均气温(℃)	≤7.5	0.03
	7.6~14.0	0.15
	≥14.1	0.19
防火期月平均风速(m/s)	≤1.7	0.02
	1.8~2.6	0.09
	≥2.7	0.16
路网密度(m/hm²)	≤1.5	0.04
	1.6~2.5	0.08
	≥2.6	0.05

表 7-2　火险等级值表

火险等级		权值之和×森林资源数量	标准分值
I	森林火灾	权值之和×有林地、灌木林地与未成林造林面积之和（×10⁴hm²）	>65.1
	危险性大	权值之和×活立木总蓄积（×10⁴m³）	>856.9
		权值之和×YGW（%）	>72
II	森林火灾	权值之和×有林地、灌木林地与未成林造林面积之和（×10⁴hm²）	5.3～65.1
	危险性中	权值之和×活立木总蓄积（×10⁴m³）	256.4～856.9
		权值之和×YGW（%）	43～72
III	森林火灾	权值之和×有林地、灌木林地与未成林造林面积之和（×10⁴hm²）	0.2～5.3
	危险性小	权值之和×活立木总蓄积（×10⁴m³）	<256.4
		权值之和×YGW（%）	<43

森林火险因子权值之和计算：森林火险区划单位根据区划地区各项火险因子的实际数值与表 7-1 中的级距对号，并把相应的权值累加，得出权值之和。

综合得分值计算：将森林火险因子权值之和分别乘以区划地区有林地、灌木林地与未成林造林地面积之和，活立木总蓄积及 YGW%，分别得出 3 项综合得分值。

根据 3 项综合得分值，对照表 7-2 中的标准分值，取其中对应值高的火险等级作为该地区的森林火险等级。

如果该地区内有国家级风景名胜区、自然保护区和森林公园，经国家森林防火行政主管部门审批后，其火险等级可提高一级。

对于按本标准未能划入高火险等级的火险敏感地区，如需特殊保护，可由所在省、自治区、直辖市行政主管部门提出申报，说明情况，经国家森林防火行政主管部门审批后列为 I 级火险区。

航空消防技术档案应该根据需要，将本地区的火险区划结果收集起来，作为重要的档案内容之一。重点火险区划档案材料是航空消防确认航线的重要依据，也是森林防火重要的基础性工作，是森林火灾预防的重要工作之一。

（2）航线档案材料

根据火险区划的档案材料，把原始林区、优质林区、多火灾区、边远的地面交通不便的林区、风景林区、自然保护区等划为重点航护区。重点航护区内可适当增加航线密度，缩小航站间隔距离，多安排飞行计划。把次生林、地面交通方便的林区、地面防火设施、扑火力量较强的林区、农牧面积比例较多的林区划为普通航护区。在普通航护区可适当减少巡护密度和航护力量，从而合理规划整个林区的巡护航线。当然，要想使航线规划的合理、科学和有效，就要根据现有的条件，综合考虑各种因素，尽量让航线用较少的飞行时间去观察巡护较大的森林面积和扑救更大区域的森林火灾。将科学规划的航线材料整理好，作为航线技术的重要材料。

7.2.3　林火预防情况

发生森林火灾是否达到火险，早发现、早报告、早扑救，森林防火的基础设施是否齐全，火源管理、林火预报、林火监测、林火阻隔系统建设、森林防火规划、森林防火通信是否完善。森林火灾发生时，事发地政府和有关部门(单位)是否及时、主动、有效地组织森林消防队伍和当地干部群众做好预防火势蔓延和实施火场扑救工作，控制林火发展态势，同时将火灾动态和先行处置情况上报给森林消防指挥部，使森林消防指挥部根据森林火灾发展制定灭火措施(杨艳秋 等，2008)。这些林火预防方面的材料也是航空消防技术档案的重要内容之一。

7.2.4　飞行动态和时间档案

飞行动态档案主要是航空护林日常飞机活动情况的记录。如飞机调进调出的日期、时间、机型、数量等，飞机在航线、火场或执行其他任务的飞行时间、架次、发现火情等情况。通过对飞行动态档案的分析，可确定适宜的开航日期和选择飞行最佳航线等，提高火情的发现率(王忠宝 等，1992)。飞行时间档案则是指来航站执行飞行灭火任务的飞机在场活动的飞行时间。包括调用时间、停场时间，也是航站同民航计费时间的原始凭据。同时，飞行时间报告单上有执行任务完成情况的记录。通过飞行时间档案分析，确定今后航期飞行时间的指数标准。计算出巡护区单位面积上航空护林费用的指标。计算出扑救林火的直接经济损失。利用有效的生产时间同计费时间的比值，考核航期每架飞机效益的高低。因此，飞行时间档案也是非常重要的(王忠宝 等，1992)。

7.2.5　火行为动态档案

火行为动态档案是航空护林工作的主要内容的体现。它记录着火场位置(经纬度)，发现时间，熄灭时间，初次发现面积，熄灭面积，起火原因，火灾种类，林相，火势强弱，火头数，火线长度，风向风速；扑救措施包括吊桶灭火，机降灭火，化学灭火，索降灭火，伞降灭火，飞行灭火时间，架次，机降人数，位置以及地方投入的人力、物力、机械、马匹等。记录着不同颜色、不同时间侦察勾绘火区发展变化图。通过火场动态档案，利用数理统计方法，分析总结火灾发生发展及分布规律。从而确定最佳的巡护飞行方案，制定林火扑救的有效措施。统计林火的直接经济损失。西南航空护林火场动态档案还增记了火场的海拔高度。观察不同的海拔高度对林火发生发展及火行为的影响，为采取相应的预防、扑救对策提供科学的依据(王忠宝 等，1992)。

火行为动态档案主要收集以下几方面的档案材料：

①原始手写记录　进入防火期后，防火办的业务人员实行24h值班值宿制度，当有林火发生时，值班人员会记录下林火发生发展及林火扑救的详细情况，值班员记录包括：起火的时间、地理位置、报告火情的方式、火场气象、林相、扑火人员、带队领导、扑火机具设备等情况。

②火场示意图　火场示意图是将火场的基本情况用一张图纸简单明了地表示出来，图中应标示出火场名称、起火点坐标、火线、火烧迹地、前线指挥部、扑火力量、地形、地物等信息。

③火场气象记录　火场气象在手写记录里值班员会有记载，但针对一些大的林火或特殊天气情况下的林火，各级气象部门都会做专门的气象分析，这些气象资料对于研究林火发生的规律有重要意义，也应注意收集。

④林火扑救的相关文件资料　包括有上级领导的指示命令批示，向上级机关汇报，对下级发布的指示命令明传电报，以及转发的文件，林火的案例分析等文字资料（杨艳梅，2012）。

⑤火场前指文件　一些大的林火，指挥部往往前移，建立火场前线指挥部，因此，应注意收集火场前指的文件（杨艳梅，2012）。

⑥火场照片　森林火灾发生过程中直接形成的，以静止摄影影像为主要反映方式的有保存价值的历史记录，包括银盐感光材料照片档案和数码照片档案。照片档案一般包括底片、照片和说明 3 部分森林防火档案，照片收集的范围包括：记录林火现场的照片、各级领导在林火现场指挥扑火队伍及火场态势的照片。

⑦林火视频材料　一般包括林火现场的录音录像资料，各级领导亲临火场指挥的录音录像资料等，对用视频或多媒体设备获得的文件以及用超媒体链接技术制作的文件，应同时收集其非通用格式的压缩算法和相关软件。

7.2.6　火场调查技术档案

火场调查档案主要包括火因调查报告以及对火场内林火造成损失的调查资料等两大部分组成。

火因调查工作都是由森保部门完成的，各级防火办要注意收集，火因可以分为两大类：自然火和人为火。如果是自然火，在火因调查报告中应对起火地点、起火时间有详细记载，并配备起火点照片及火场视频材料；如果是人为火，要有火场肇事者及相关责任人员的处理情况（杨艳梅，2012）。

火场面积小，森林价值较高，经营强度大的火烧林地，应进行全面每木调查。火场面积较大，难于进行每木调查，可采用标准地调查方法来推算整个火场的林木损失。除统计立木株数、材积损失之外，还要计算幼林、原木、各种林产品、房屋建筑等。所有在调查中形成的文字图表、声像等材料都应归档立卷。对森林经营、更新有着重要的参考价值（王忠宝 等，1992）。

7.2.7　森林火灾隐患档案

森林火灾隐患是指潜在的足以能够引起森林火灾的因素，以及直接影响扑火和安全撤离火场时的不安全因素。在森林防火工作中，我们会发现存在人的不安全行为、物的不安全状态和管理上的缺陷等各类森林火灾隐患，有的隐患现场能够及时整改的，立即予以整改，有的隐患一时无法整改的，应建立隐患整改档案，拟定整改计划，进行跟踪管理，开展隐患排查，预防和减少森林火灾发生。开展森林火灾隐患排查，建立森林火灾隐患整改档案，及时排除森林火灾隐患，总结森林火灾隐患整改措施经验，是森林防火工作基础，建立森林火灾隐患档案应注意从以下几个方面开展工作（何吓俊，2014）：

（1）经常开展火灾隐患排查，做好排查资料收集整理

森林火灾隐患主要有 3 类：一是可能引起森林火灾的因素；二是直接影响扑火的不安全因素；三是妨碍人们安全撤离的不安全因素。森林火灾隐患的表现形式多种多样，有人的行为，如野外用火；有物的不安全状态，如扑火器材失效，也有防火设备不足造成火灾

失控。

森林火灾隐患的具体表现形式：一是自然隐患，如雷击等；二是人为隐患：开荒烧杂、烧田埂草、烧火驱蜂、野炊用火、野外用火取暖、小孩玩火、林区吸烟、弱智人员点火、输电线路等。

我们要经常根据森林防火各阶段野外用火的习俗和特点，组织开展森林火灾隐患大排查工作，查林区公路、居民地等森林防火重点部位安全防范措施是否落实，查山边林缘危险地带，林事农事用火情况，查林区内工矿企业垃圾堆放点；查火灾多发的重点区域等。对排查现场发现的火灾隐患要进行拍照摄像，建立电子相册，以便整改落实比对，若发生森林火灾事故，要及时取证。对排查的火灾隐患，不论大小都要认真翔实记录，以防火巡查日记的形式记录发现隐患的时间、地点、现场存在的问题、整改情况等，并做好材料收集整理，为建立森林火灾隐患档案做好准备，打好基础。

（2）建立火灾隐患档案，应用森林防火工作实践

根据平时隐患排查记录，建立森林火灾隐患档案。森林火灾隐患档案内容主要有：隐患名称、类别、编号；发现隐患的时间、地点、用火对象、通信方式；隐患存在的问题；隐患整改计划与措施；跟踪动态管理情况；整改落实结果反馈；隐患整改经验与教训。一个森林火灾隐患建立一份档案，以年度为单位进行分类归档，建立活页式卡片档案，同时建立电子档案，便于查找应用。

（3）利用火灾隐患档案，做好林火风险评估

根据林场经营区所处的乡（镇）结合全县森林防火事故发生的原因，对林场经营区内森林火灾隐患进行风险评估：开荒烧杂、烧田埂草等农事用火是最大隐患；扫墓祭祖、烧火驱蜂驱兽、野炊用火、野外用火取暖、小孩玩火、林区吸烟、弱智人员点火次之，输电线路雷击等极少。

7.2.8 航空消防技术档案归档表格填报

森林火灾统计是进行森林防火科学研究的第一手材料，也是森林防火工作实行科学管理的基础（杨艳梅，2012）。因此，航空消防技术档案归档表格填报要规范、标准。表格内容多样，下列主要介绍常用的几种火灾档案表格的填报。

（1）火灾登记表

在森林火灾灭火登记表中，应详细记录起火时间、地点、原因及火种类型；起火地风力、风向、气温、湿度和有无降水等气象情况；火灾发现时间、扑灭时间；扑救情况（包括是否调用飞机、出动的人员、到达火场人数、指挥员姓名、职务、动用车辆情况等）；灭火使用的设备工具、实施方法；森林火灾燃烧类型、燃烧情况及蔓延发展趋势；森林火灾过火面积以及经验教训等（杨艳秋 等，2008）。

（2）火灾现场调查报告记录表

火灾现场调查报告记录表是根据火灾现场存在的事实，重现火灾发生、蔓延经过的一项工作，是人体大脑的逆向思维过程。在确定证据的可靠性、充分性和相互之间的因果关系方面起着十分重要的作用，在调查取证和认定火灾原因工作中，占据非常重要的地位。尤为重要的是火灾现场拍摄的图片、照片、影像等，成为火灾查处提供详细直观的第一手

资料和有说服力的证据。特别是林火初发阶段的影像，可以详细地显示出有关人员在林区内的活动情况、活动时留下的遗物、足迹等，为火因的查明、火灾肇事者查处提供大量的依据（杨艳秋 等，2008）。

（3）灾后经济损失表

客观、准确、科学地对森林火灾造成的经济损失进行分类，不仅对实施现代林火管理提供保障，有助于及时、有效、实事求是地评估森林火灾所造成的经济损失，而且还有利于林业主管部门掌握现有森林资源蓄积状况，调整林业现行管理政策，合理利用和保护森林资源，全面衡量林火管理部门的工作效率，完善其经营管理水平，促使林火管理部门从管理型向企业经营型转变。森林火灾直接损失为林木资源损失、森林火灾扑救损失和由森林火灾直接造成的其他财产的损失。森林火灾间接损失为森林火灾生态效益损失，火灾造成的对野生动物资源、非木植物资源、水资源、环境资源、农牧渔业资源损失，森林旅游业和狩猎业的损失，固定资产和流动资产的损失及其保险费等的间接损失，以及对环境的污染产生的损失，对附近居民社会活动的影响带来的损失及火灾现场施救及清理火场的费用等（杨艳秋 等，2008）。

上述几种档案是与航空护林工作有直接或间接影响所形成的。还有一些其他档案：如科研档案、森林防火制度、电台通信、飞机空投传单、开设防火线等材料也属航空护林档案范畴。在实际工作中加强收集、整理，归档立卷（王忠宝 等，1992）。

7.3　档案的管理与应用

做好航空消防技术档案的管理工作，首先要提高档案从业人员对新时期森林航空消防档案建设的重要性认识；二是加强森林航空消防技术档案资源建设；三是加强档案的科学安全管理；四是进一步提高森林航空消防档案管理人员的素质。近年来，在打造规范化航空消防部队中，航空消防技术档案发挥了重要作用，其重要性越来越突出。但由于档案工作本身具有的专业性、持续性、服务性等专业要求，以及工作人员业务水平有限，许多航空消防技术档案信息资源没有被很好地保存、积累和利用开发。有的虽发挥了一定作用，但没有达到预期效果或效果并不明显，在一定程度上影响了森林消防工作的整体发展。

7.3.1　航空消防技术档案管理依据

航空消防技术档案管理工作可依据的规范性文件主要有《中华人民共和国档案法》《中华人民共和国档案法实施办法》《中华人民共和国消防法》《中华人民共和国森林法》《森林防火条例》《公安档案管理规定》《公安专业档案管理办法》，还有国家档案局颁布的《机关文件材料归档范围和文书档案保管期限规定》及国家有关部门制订的其他专业档案管理规范。

虽然这些法律、法规在档案管理的大方向上给消防档案管理者提供了必要的依据和要求，但对消防档案尤其是消防专业档案的分类、立卷、归档、保管等细节都未具体涉及，可操作性并不强。鉴于此，近年来各地消防部门结合实际工作，大胆探索、勇于创新，努力健全档案管理体系(苏婷婷，2013)。以河南省为例，省消防总队曾制定下发了《河南省消防监督档案管理暂行规定》，对档案的分类、归档、管理及电子档案的建立和管理进行了明确。各地市支队也相继出台了档案管理方面的硬性规定。如安阳支队制定了《支队档案分类大纲》《消防监督档案管理规定》，郑州支队制定了《郑州市消防支队消防监督档案管理规定》《郑州消防支队档案管理暂行制度》等。虽然这些单位在消防档案的正规化管理方面做了有益的尝试，却仍然无法回避无统一的、规范的专业的法律法规可依的尴尬处境。

7.3.2　航空消防技术档案管理制度

1987年9月5日，中华人民共和国主席李先念颁布第58号主席令，正式公布经第六届全国人大常务委员会第二十二次会议通过的《中华人民共和国档案法》，将我国的档案管理体制用法律形式固定下来，纳入法制轨道。1988年1月1日，《中华人民共和国档案法》正式施行，确立了"统一领导，分级管理"的档案管理体制。1993年10月17日，中共中央办公厅、国务院办公厅发出经中央机构编制委员会办公室审核，由中共中央、国务院领导批准的《关于印发中央档案馆国家档案局职能设置、内设机构、人员编制方案的通知》，决定："中央档案馆与国家档案局合并，一个机构挂中央档案馆与国家档案局两块牌子，履行档案保管、利用和全国档案事业管理两种职能，为党中央和国务院直属机构，副部级单位，由中央办公厅管理。"这是档案管理体制的第三次重大改革(王向明，2009；周耀林 等，2013)。

航空消防技术档案管理制度则可根据消防档案的一系列规范性文件，制定相关的管理制度，以确保森林防火历史资料的完整性。主要可以从以下几个方面制定：

①航空消防技术档案的主要组成部分是件档案和火灾档案，对于航空消防文件档案的建立是分年度将有保存价值的文件资料整理归档，航空消防技术档案内容必须真实、完整。

②以下重大森林火灾事故必须建立专门档案。

一是火场跨省级行政界限；二是造成1人死亡或3人以上重伤的特别重大森林火灾；三是发生70 hm^{2}以上或延烧时间24小时以上的森林火灾。

③航空消防技术档案包括起火的时间、地点、原因、肇事者，受害森林面积和蓄积，航空扑救情况、物资消耗、其他经济损失、人身伤亡以及对自然环境的影响等。

④航空消防技术档案还包括森林火灾发生时的气象资料、火灾的调查处理结果，以及其他与森林火灾有关的文件、资料、会议记录、照片、录音、录相、磁盘、光盘等。

⑤航空消防技术档案必须有专人管理，并妥为保存。

7.3.3　航空消防技术档案的科学安全管理

（1）树立安全思想，落实安全责任

航空消防技术档案的安全是档案工作的重中之重，航空护林总站应对区域内各下属站的档案安全负总责，各下属站对本单位档案安全负主要责任。单位的主要领导是单位档案安全的第一责任人，承担档案工作职能的综合档案室是主要责任机构，应制订档案安全工作方案和制度，落实档案安全责任，开展全员档案安全教育和培训，提高档案工作人员的安全技能和保密意识；组织干部职工开展干粉灭火器和消防水带的使用培训，丰富消防经验和提高消防素质，使每个工作人员和岗位都成为档案安全的第一道防线，确保航空消防技术档案绝对安全。

（2）加强基础设施建设，实施计算机管理

不断完善航空消防技术档案的基础设施建设，不断改善档案保管条件，为档案安全提供必要的硬件设施。安装防盗门、窗，配置铁质档案柜、温湿度计、去湿机、灭火器等必备安全设施；做好档案室防潮、防火、防霉、防尘、防高温、防盗、防光、防虫等安全保护工作。按照科学规划、适度超前、实用、有效的要求，逐步形成结构合理、功能齐全，与森林航空消防档案建设相适应，能够满足和形成工作需要的档案室基础设施体系。

当然，航空消防技术档案室也应配备专用的涉密计算机，保证电子文件的在线管理系统安全。对网络设置信息系统防火墙和密码访问控制，安装保密隔离卡，建立备份与恢复系统，并对电子文件采用硬盘备份。此外，定期对计算机运行状况进行检查，严禁使用来路不明的软件、磁盘和移动硬盘，防止计算机病毒侵入，保证各种数据库的安全运行。

（3）规范归档流程，完善管理制度

森林航空消防总站、下属各站、各级森林防火指挥部和林业主管部门是形成航空消防技术档案的源泉，应遵照航空消防技术档案管理工作可依据的规范性文件，健全归档流程和制度，完善归档工作，落实档案集中统一管理原则，将本单位形成的各类档案材料集中保存于综合档案室。应通过培训和实践，不断提高各类档案整理编目的标准化和规范化水平，以确保森林航空消防档案资源在载体和门类上的齐全完整。

（4）加强技术培训，提高管理员素质

随着档案事业规模的日益扩大，档案信息载体日益多样，档案管理日益先进，对档案人员的素质也提出了新的更高要求。

①政治素质要求　森林航空消防技术档案工作政治性、政策性、专业性强，档案工作者肩负着"为党管档、为国守史、为民服务"的重要职责，责任重大。档案工作的政治性、服务性，决定了档案专业人员必须具备较高的政治品德素质和较好的职业道德素养。一是档案专业人员必须遵守宪法和法律，恪守工作纪律和职业道德，严守党和国家的秘密，自觉贯彻执行党和国家关于档案工作的一系列方针、政策，不断加强自身的政治修养。二是档案管理人员必须提高服务意识和敬业精神，热情周到地为利用者提供优质服务。三是档案专业技术人员必需具有严格的保密观念和良好的保密习惯，在不违背保密原则的前提下充分开发利用档案信息资源，确保档案在政治上的安全。

②业务素质要求　电子计算机技术的应用，实现了档案管理的自动化，现代通信技术的采用，实现了档案信息传递网络化，运用现代光学技术，实现了档案的缩微化、光盘化等。由于档案管理设备和手段现代化的不断采用，需要档案管理人员具有较强的业务素质。一是具有较强的档案管理知识；二是强化科学管理档案的主观意识，熟练计算机操作和网络知识；三是具有超前意识；四是具有一定的综合协调能力；五是具有积极主动、诚恳热情的服务态度和兢兢业业的工作精神。在工作中，通过强化培训和自身学习积累，不断提高整体素质，促进档案建设和管理的科学化和现代化。

7.3.4 航空消防技术档案的信息化管理

（1）航空消防技术档案信息化管理的内涵

1997 年 4 月全国信息化工作会议提出"国家信息化"的概念，其定义为：在国家统一规划和组织下，在农业、工业、科学技术、国防及社会生活各个方面应用现代信息技术，深入开发、广泛利用信息资源，加速实现国家现代化的进程（周耀林 等，2013）。2006 年，中共中央办公厅、国务院办公厅印发的《2006—2020 年国家信息化发展战略》将信息化定义如下："信息化是充分利用信息技术，开发利用信息资源，促进信息交流和知识共享，提高经济增长质量，推动经济社会发展转型的历史进程。"并将信息化的意义定位为"大力推进信息化，是覆盖我国现代化建设全局的战略举措，是贯彻落实科学发展观、全面建设小康社会、构建社会主义和谐社会和建设创新型国家的迫切需要和必然选择"。2004 年，马费成将信息化定义为"由于信息、信息技术在当今社会经济发展中不可取代的巨大作用，无论政府还是各行各业都在最大限度地利用信息技术，充分开发信息资源，提高自身的效能和效率，人们把这种现象称为信息化"。从以上信息化的定义不难看出，信息化的实质是利用信息技术充分开发信息资源，以提高各行各业的效能和效率的活动过程及结果（周耀林 等，2013）。

信息化管理是在信息化背景下提出的一种先进的、科学的管理方法，它倡导将现代信息技术与先进的管理理念相融合，通过将现代信息技术融入管理的各环节如计划、组织、控制等，高效、有序、系统地协调整合各种资源。由于企业是市场活动的主体，且能够为社会进步和经济发展创造直接的效益，因此，信息化管理在企业管理活动中得到长足发展，企业信息化管理被认为是现代企业生存和发展的必需，其高效的管理模式、集成的信息系统、先进的信息技术节约了企业管理的成本，大大提高了企业的竞争力，进而信息化管理的优势和特色被广泛地引进到其他行业和领域的管理活动中，继续发挥其功效（周耀林 等，2013）。

根据《2006—2020 年国家信息化发展战略》，可以将航空消防技术档案信息化定义为：利用现代信息技术，开发利用航空消防技术档案信息资源，促进航空消防技术档案信息交流和共享的一个过程。航空消防技术档案信息化是航空消防技术档案信息化管理提出的背景和基础，航空消防技术档案信息化管理是将先进的管理理念融入航空消防技术档案信息化的过程中。同时，还可以认为航空消防技术档案信息化管理是信息化管理在航空消防管理中的应用和结合，它是一个快速获得航空消防技术档案信息，并以最有效方式利用这些信息的过程。

据此，我们可以将航空消防技术档案信息化管理定义如下：航空消防技术档案信息化管理就是在航空消防技术档案工作中充分利用现代计算机技术、网络技术、信息技术，对航空消防技术档案资源进行处理、管理、开发并提供利用，达到为社会发展提供服务的目的。航空消防技术档案的信息化管理应加速建立体系完善、功能多样、检索便捷的机读检索体系。以计算机及档案管理软件等管理应用为主，利用计算机、扫描仪等对档案进行搜索、存储和管理；建立高质量、大容量文件级目录数据库、全文数据库和多媒体数据库；建立基于互联网的档案信息查询系统和档案信息网平台，为全面开展档案信息资源的网上检索、咨询服务创造有利条件；更新传统纸质档案建立方式，加速传统载体档案数字化进程，为快速高效查阅相关资料和深入开发利用档案信息资源提供有效保障。

在加速数字信息化档案室建设方面，单位应把档案室档案数字化工作经费列入年度预算，有计划分期投入。有了经费保障，综合档案室可在较短时间内完成室藏全部档案的数字化加工工作，有效投入使用。

（2）航空消防技术档案信息化管理的意义

信息化管理综合运用影像、数字、网络等先进信息技术，科学、系统的组织管理方法，能够缓解现阶段我国航空消防技术档案分散、利用率低等现象，通过管理信息系统和虚拟网络平台实现我国航空消防技术档案统一、系统、有序的安全管理。其意义具体体现在以下两个方面：

一方面，航空消防技术档案的信息化管理是航空消防技术长期保存和森林消防技术改进的根本途径：航空消防技术档案记录着森林防火技术方法的改进等重要特性，对森林防火事业具有极为重要的价值和意义。在资源信息化的大背景下，航空消防技术档案的信息化管理不仅是数字化航空消防技术档案，长期保存航空消防技术档案的需求，同时也有利于森林防火技术人员的培养。数字化利用摄录设备可以使航空消防技术的真实场景以影像的方式再现，这些数字化成品可以作为森林防火工作学习和森林防火宣传的教材。同时，直接将经信息化处理的航空消防技术存储到各种介质上，形成的录像、录音、资料等整理生产成光碟、磁带出版物等产品，这些系统全面的信息化数据库便于科研材料的查询、下载。

另一方面：航空消防技术档案的信息化管理是实现社会信息资源共享的迫切需求：航空消防技术档案资源是社会信息资源整体中不可或缺的重要组成部分，航空消防技术档案的利用者可能是森林防火工作者、科研学者，也可能是广大的普通百姓。航空消防技术档案信息的共享是社会信息资源共享的基础材料之一。信息化管理通过建立覆盖全国的航空消防技术档案，将原本零散的森林消防知识统一收录到一个目录数据库中，依靠从"中央—地方—基层"的层级管理体制不断完善全国目录数据库，形成纵横交错的网络体系，利用者可以方便地通过网络服务平台检索到任何地区与森林消防的相关信息。因而，航空消防技术档案的信息化管理也是实现社会信息资源共享的迫切需求。

（3）航空消防技术档案信息化管理的内容

航空消防技术档案信息化管理的内涵揭示出信息化管理的目的：是逐步实现航空消防技术档案保护、管理、开发和利用的自动化、网络化。实现这一目的，需要开展以下3项具体的工作，这就是当前需要进行的航空消防技术档案信息化管理的主要内容。

首先，对电子形式的航空消防技术档案进行管理

档案部门参与航空消防技术档案管理的具体工作中，其任务是及时收集、归档、保管有价值的航空消防技术资料。具体地说，档案馆在信息化管理的实践工作中应积极注重电子形式的航空消防技术档案，做到有规划、有步骤地收集、积累、保管这部分档案。

已归档的电子形式的航空消防技术档案，在信息化管理过程中应予以整理和编辑。整理工作根据档案内容，形成森林防火专业部门电子形式航空消防技术档案的种类、数量，根据档案接受部门的统一要求确定整理方案，利用档案的著录信息形成机读目录。此外，

在介质归档时还应对电子形式的航空消防技术档案的载体进行简单整理，在载体或其包装盒表面贴上标签，注明编号、名称、密级、保管期限、软硬件环境等基本检索信息。整理完毕后，还应将档案形成单位、硬件环境、软件平台、应用软件、文件题名、形成时间、文件性质、类别、载体编号、保管期限等以表格的形式作好登记。编辑则主要是对档案载体规格或档案存储格式的调整，将其转换为统一的规格或格式。对电子形式的航空消防技术档案进行管理还包括对档案载体和信息的保护，防止自然灾害和人为破坏对珍贵的航空消防技术档案造成伤害。

其次，将传统形式的航空消防技术档案进行数字化处理

将传统形式的航空消防技术档案进行数字化处理。不仅是航空消防技术档案信息化管理的内容之一，也是航空消防技术档案信息资源建设的重要途径。例如，档案馆加强口述材料档案的建设，将以口述或照相、录像形式收集的航空消防技术可以转化为录音、影像等形式的档案资源，既便于管理和利用，又丰富和优化了馆藏资源。将保存的航空消防技术档案进行数字化处理，包括纸质档案、照片底片档案、录音、视频档案等各种介质的档案和正在形成的航空消防技术档案，运用扫描、模拟转换等技术手段进行馆藏档案资源数字化。

由于航空消防技术是一种动态的信息资源，对航空消防技术档案的信息化管理要凸显出航空消防技术的这一特点。在数字化处理过程中，除了运用常见的扫描仪、照相机、录像机等仪器设备进行一般转化以外，尤其要注意采用先进的可视化数字技术或逼真的三维动态技术。目前，对具体的航空消防的数字化技术的研究已取得一些成果。例如，学者Shi YW 提出要利用三维数字技术，将航空消防技术的场景进行数字化再现，以便于查阅档案的读者更生动更直观地了解到航空消防技术的内容，并尽可能实现现场互动（Shi YW，2008）。还有学者指出"运用人类解剖学和 CT（计算机体层摄影）的原理和技术，以数字化的方式将航空消防技术项目的碎片重新整合（Yang C，2006）。这些新的研究成果均为航空消防技术档案数字化提供了耳目一新的可行性建议。

第三，航空消防技术档案信息资源的管理、开发与利用

航空消防技术档案信息化管理即实现对航空消防技术档案管理信息化的过程。为此，不仅需要强调航空消防技术档案信息化的过程的管理，更需要理解其信息化管理的最终目的是实现航空消防技术档案信息资源的开发和利用。实现航空消防技术档案管理信息化，能够更好地保护航空消防技术档案；更便捷地提供航空消防技术档案的利用，利用者可以打破时间和地域的限制自由利用；更利于航空消防技术档案资源整合，建立共享机制，提升档案价值。

利用互联网，建立航空消防技术网上博物馆，特别是运行较为成熟的各级各类航空消防技术网站。利用网络平台，将数字化后的航空消防技术档案进行共享，不仅节省人力、物力、财力，还可以提高管理工作效率，达到对森林消防的宣传与教育效果。尤其是将音频、视频格式的声像档案进行在线展示，可以使利用者直接点击浏览、观看，实现与森林消防零距离的亲近，获得最直观的感受。除了网站的利用方式外，信息化管理还包括将档案部门保存的航空消防技术档案的各项指标进行分类统计分析，为整个航空消防技术档案管理工作指明方向。例如，利用管理信息系统的分析功能将航空消防技术档案的收集量、

利用率、损毁度等综合衡量指标进行快速、便捷的统计，不仅可以明确档案价值、确定档案编纂编研对象，还能够为档案部门制定管理规范和保护策略提供依据（周耀林　等，2013）。

7.3.5　航空消防技术档案的应用

7.3.5.1　航空消防技术档案利用的内容

档案利用工作也称为"档案提供利用工作"，即档案部门为满足社会利用档案的需要，向用户提供机会和条件的工作（王向明，2001、2009）。

建立航空消防技术档案的目的是为了充分发挥这一专业档案的作用，满足社会各方面对航空消防技术档案的利用的需要。为达到这一目的，档案管理部门可以开展一系列的职能活动，做出大量的收集、整理、鉴定、保管、统计、检索和编研等工作，但这些只是为档案作用的发挥创造了一些可能性，而要让航空消防技术档案的作用得到实际的发挥，要让档案用户获得所需的档案信息，还必须通过直接地向用户提供档案信息的工作，这就是档案利用工作。

航空消防技术档案利用工作的内容一般包括：提供原件、提供复制件、制发证明、举办展览以及提供咨询服务等方面。

航空消防技术档案作用的发挥是通过两个方面的因素来实现的：一方面是社会有利用档案的需求；另一方面，是档案部门有提供档案的可能。因此，"利用档案"和"档案利用工作"是两个不同的概念，又是两个具有密切联系的概念。"利用档案"是指用户到档案部门来获得档案信息；"档案利用工作"则是指档案部门为满足用户的需要，向用户提供有关档案信息的工作。这两方面是相辅相成的，如果没有社会"利用档案"的需求，档案部门的"档案利用工作"就不具备存在的意义，因此，"利用档案"是"档案利用工作"得以存在的前提；但如果没有档案部门的"档案利用工作"，社会"利用档案"的需求也不可能实现，因此，"档案利用工作"是"利用档案"得以实现的条件。明确这两个概念，有利于航空消防技术档案管理部门明确自己的职责范围，有的放矢地开展自己的工作，不断提高档案管理利用方面的工作效率（王向明，2001、2009）。

7.3.5.2　航空消防技术档案利用的意义

一方面，航空消防技术档案的利用工作是档案工作价值的直接体现。档案工作的目的就是为社会提供各种内容的档案信息来为社会服务。为了达到这一目的，航空消防技术档案工作需要由一系列的森林消防业务环节所构成。然而，在这些森林消防业务环节中，只有航空消防技术档案利用工作才能最直接地、最全面地体现整个这一专业档案工作的价值；航空消防技术档案工作也只有通过实际地提供森林消防方面的档案信息，才能向社会证明其自身存在的意义和价值。因此，航空消防技术档案利用工作代表了整个档案工作的成果。同时，航空消防技术档案利用工作质量的优劣，也成为衡量档案管理业务工作开展程度及其质量高低的主要标准。

另一方面，航空消防技术档案利用工作是档案工作中最有活力的一个环节。开展档案利用工作对于整个档案工作的发展具有决定性的影响。航空消防技术档案管理工作的成果，需要对航空消防技术档案利用工作来加以体现。在和社会各界发生信息传递、档案供给和咨询服务的帮个过程中，航空消防技术档案工作的各项成果必然要受到社会各界的检验，评判其是否真正符合社会的需要。档案管理部门正是通过档案提供利用这一环节及时获得外界对其工作成果的信息反馈；档案管理部门也要通过档案利用工作这一窗口来捕捉外界的政治、经济、科学、文化等各种动向，以便不断地调控自己的馆藏结构和服务方向（王向明，2001、2009）。因此，科学的档案利用工作，能够对档案工作的其他环节起到一种检验、调整和促进的作用。诸如调整档案的接收范围，改变档案的组合方式、调整档案的保管期限、改进档案的检索系统、编制档案的参考资料等。由于档案利用工作将与外界发生最密切的联系，因此，其也是一种对档案管理工作最实际、最有效的宣传方式。做好档案利用工作，不仅能够引起各方面对档案工作的重视，同时还会在档案收集、档案整理等业务工作中得到具体的回报（王向明，2001、2009）。

7.3.5.3　航空消防技术档案利用的指导思想及对管理员的要求

航空消防技术档案利用工作的指导思想就是提供优质的服务，充分发挥航空消防技术档案的作用。

航空消防技术档案管理工作是一项服务性质的工作，这种服务性主要体现在档案的提供森林防火专业知识等利用工作方面。要做好这项工作，航空消防技术档案工作人员必须注意以下几点：

（1）熟悉馆藏和档案检索系统

作为一名专业性很强的档案工作人员，必须熟悉和了解自己所掌管的档案情况甚至馆藏全部档案的有关情况，这是提供良好服务的首要条件。要做好档案利用工作，只有一种主观愿望是不够的。如果对馆藏档案不熟悉、不了解，就难以及时准确地查寻用户所需要的档案，就不可能主动地向用户提供档案利用的有关情报，引导用户开辟新的查询领域。档案数量浩大、种类繁多、内容非常丰富，如果不进行长期的、深入细致的分析和研究，是很难把握馆藏档案有关信息的。这就要求档案人员通过档案的收集、整理、鉴定、保管、统计、编制检索系统、编写参考资料等途径，有意识地了解馆藏档案的内容和成分，了解档案的存放位置，了解各卷宗之间的有机联系，了解有关档案的利用价值等。档案人员对档案情况的熟悉和了解，当然不应该也不可能替代档案检索系统，但是，这种熟悉和了解能够对馆藏档案的检索系统起到拾遗补缺的作用。只有这样，才能提供高质量的服务（王向明，2009）。

同时，档案工作人员还要熟悉馆藏档案的检索系统，要熟悉各种检索系统的检索范围及其特点，熟悉各种检索系统之间的交叉、替补等关系，了解各种检索系统的使用方法并能熟练地加以应用。通过熟悉档案检索系统还能够进一步熟悉和了解馆藏档案。

（2）树立良好的服务精神

作为一个档案人员，应该树立良好的服务精神。由于档案利用工作代表着整个档案工作的成果，要同林业系统的森林防火专业人员甚至全社会发生联系，为用户直接服务，因此，要求档案人员具有高度的责任感和良好的服务态度。虽然档案的利用较多的是被动利用，但档案人员应在被动利用中争取主动服务，使档案利用工作始终处于最优化的服务状态。

航空消防技术档案是航站的重要财产，也是国家财产，大家都有权利用它。航空消防技术档案的管理部门也是一个科学文化事业机构，其服务对象本身就具有社会性。在档案提供利用工作中，档案人员就会遇到各种各样的利用者和利用目的，有官方用户、有私人用户，有为公务查考而来，有为历史研究而来，也有为私人事务而来。在接待各种用户时，档案人员要保持一视同仁的态度，进行同等的服务。航站保存档案的目的，一方面是为了满足公务活动的需要，同时，也必须满足社会其他方面的需要。档案人员应该关心档案在各方面的用途。美国档案学家 T·R·谢伦伯格将其称之为档案的"原始价值"和"从属价值"。但是，这里所指的"一视同仁"并不完全排除优先提供服务的可能性，优先提供服务在任何时候都是存在的，只是这种优先提供服务的不应该是用户的身份，而应该是用户的目的。按照利用的重要程度依次处理服务要求是比较理想的利用工作状态。但有一点是应该明确的，即对所有的要求，都应该得到热情而认真的处理。如果用户要求找的是确定其合法权利或公民权利所必要的档案，或者用户所从事的工作对于增加或传播知识有重大作用，那就要对用户的要求给予特别仔细的考虑。

一般说来，档案人员应当以每一种可能的方法去帮助用户，应该把用户感兴趣的档案提供给他们。档案人员一般不应该超越自己的职责去指导用户的研究工作，但是，他应该提供这部分档案的相关材料，说明档案的价值，并启发用户开辟新的查询领域。但是，档案人员对文件的解释应只限于对文件的鉴别和介绍，而不是使人们知道对某个主题的意义。档案人员不应当说文件表明了这一点或那一点，支持了某种解释而反对了另一种解释。档案人员的解释应只限于使用户懂得文件的特点和确切内容。档案人员同所有用户之间的关系只能在这种职能上的关系。

档案人员如需进行自己的研究工作也只能以一个普通用户的资格出现，不能让自己的职业职责来服从自己的研究兴趣。档案人员应当毫无保留地贡献出自己关于文件的知识，甚至应为此而牺牲自己的研究兴趣。

（3）提供必要的设备和条件

由于档案类型的多样化和档案内容的复杂化，档案人员应当为提供利用工作准备必要的设备和有关资料。为便于用户对档案利用的不同需求，档案部门在有条件的情况下，还应设立相应的研究阅览室、机密档案阅览室等。

（4）正确处理利用和防护的关系

档案部门有义务向社会提供相关的档案信息，但是为了使档案的作用能够得到长期的、持久的发挥，档案部门不能允许用户以任何有损于档案的方式来利用档案。必须对档案采取切实有效的防护措施，使档案不仅能够受到当代人的利用，而且能够为后代人所利用。因此，档案人员应当制定一些利用档案的规章制度和办法，采取一些必要的措施，使档案既能得到最充分的利用，又能得到安全适宜的防护，使其作用得到持续的发挥。在档案提供利用工作中，档案人员应权衡目前利用档案的要求和为后代保存档案的要求之间的轻重缓急关系。档案的防护与档案的利用不是一对相互排斥的概念。档案防护的根本目的是为了更长期地、更有效地实现对档案的利用（王向明，2001、2009）。

7.3.5.4　航空消防技术档案的保密

（1）保密的基本概念

由于人们对档案的利用是有差异的。航空消防技术档案和一般的档案一样，大部分内容在近期内就可以得到广泛利用，但是，某些档案却要经过相当长一段时间后才能得到广泛利用；某些档案可以在大范围内提供利用，某些档案却只能在小范围内提供利用；某些档案可以在一般的条件下提供利用，某些档案却要在严格限定的条件下才能提供利用。在这里，对档案提供利用的时间、范围和限定条件起决定性因素的就是档案的保密问题。

所谓"秘密"，一般指不宜为他人所知晓的事项。在档案管理过程中所涉及的"秘密"主要包括国家秘密、集团秘密、个人秘密等方面。

根据《中华人民共和国保守国家秘密法》第一章第二条规定："国家秘密是关系国家安全和利益，依照法定程序确定，在一定时间内只限一定范围的人员知悉的事项。"同样，在档案管理过程中涉及的其他方面的"秘密"，也是关系到某一集团、某一个人的安全和利益，在一定时间内只限一定范围的人员知悉的事项（王向明，2001、2009）。

（2）保密的本质

人们的社会活动是复杂和不同层次的，具有不同的层面和不同的针对性。因此，在这些活动中所形成的档案往往也具有这样一种特点，有关某一方面内容的档案，只能为某一层次或某一范围的人们所利用，超出这一层次和范围的任何"知晓"，都可能会对这一层次和范围的人们乃至其他的人造成某种程度的损害，或者影响到这部分档案作用的充分发挥。除此，必须对某种档案实行时间和范围等方面的"限制利用"，即保密。由此可见，人们对某一种类型、某一方面内容档案的保密，并非是不提供利用，而是为了更加有效地利用这一部分档案，使这一部分档案的作用得到充分和恰当的发挥。由此可见，档案的利用与档案的保密并不是一对相互排斥的概念，它们之间的关系是从属性的，即档案的保密从属于档案的利用，档案的利用包括了"限制利用"，档案的保密只是档案利用的一种特殊形式。

开放档案是档案利用的又一种形式。所谓开放档案，就是将相关的档案向社会广泛提供，用户只要经过一般的手续即可利用档案。目前，可以开放的档案一般包括 2 种类型：一种是在形成之初就不涉及机密的档案；另一种是在形成时具有一定的机密性，但现在保密期限已满的档案。根据国家的有关规定，凡我国公民，只要持有合法的证件，如身份证、工作证、学生证或其他能够证明自己身份的文件，均可利用开放的档案。

1980 年中共中央提出开放历史档案的方针，1987 年《中华人民共和国档案法》以法律的形式确定了档案开放的原则。档案作为一种人类文明的记录，是一种社会性的文化存在，利用档案，了解档案中的信息内容是公民的一种基本的民主权利，是公民知情权利实现的一种方式。档案开放是国家政治民主化的重要标志，也是一个社会文明发展程度和水平的重要标志之一。因此，档案的开放和档案的利用也是一对具有从属关系的概念。档案的开放从属于档案的利用，档案的开放也是档案利用的一种特殊形式（王向明，2001、2009）。

7.3.5.5 航空消防技术档案的利用方式

建档的目的是为了利用，为了总结经验。档案利用的方式是多种多样的。从提供文献的级次来划分，可以分为一次文献利用，如提供原件、复制件利用；二次文献利用，如提供档案目录利用等；三次文献利用，如通过编写档案参考资料提供档案信息等。从档案提供利用的形式划分，目前主要有以下几种：供给阅览、原件外借、文本复制、档案证明、参考咨询、档案展览等。

（1）供给阅览

开辟阅览室接纳用户是航空消防技术档案提供利用工作的一种普遍的和主要的利用方式。

航空消防技术档案是航空消防工作过程中形成的原始记录，一般都表现为单份或孤本，某些档案还具有一定的机密性，这些都决定了档案不能够外借或不便于外借，应主要采取内部阅览等方式。

建立阅览室接待用户的方式具有较多优越性：可以有效地保护档案，保守国家机密；可以为用户提供良好的阅览环境和条件；可以及时满足用户深入检索的要求；可以提高档案的周转率和利用率；还可以及时地研究和掌握档案提供利用工作的情况，从而改进和提高档案提供利用工作的水平。

阅览室一般要求宽敞、明亮、安静的场所，位置一般应处于档案馆入门与档案库房之间，以方便查阅。阅览室内的设备应力求简洁，一般只要设置查询台、阅览桌、椅子和存物柜即可。阅览桌一般不应设置抽屉，以免相互干扰，也便于档案人员对档案的监护。有条件的单位也可以另外设立若干专门的小阅览室，如音像档案阅览室、缩微档案阅览室、机密档案阅览室等。阅览室可以附设为用户服务的资料室，收藏与馆藏档案有关的报刊、出版物以及有关的工具书，以配合档案提供利用（王向明，2001、2009）。

阅览室的接待工作一般可分为两个方面，即进门时的接待和出门时的接待。

进门时的接待，可以使档案人员了解用户的兴趣和需求，从而适宜地提供服务。其接待程序一般是：

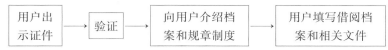

为了有效地对档案进行保护和保密，阅览室应建立一定的规章制度，以防止档案被盗被损，并且把粗心利用所造成的损毁减小到最低限度。档案人员的良好的服务及用户的密切配合是做好阅览室提供利用工作的关键。因此，档案人员应与用户取得最大的谅解，共同做好这项工作。

用户出门时的接待同样是重要的。档案人员一方面要验看用户交还的档案，另一方面应要求用户填写有关的文件，如"利用效果登记单"等。同时，档案人员还应及时地向用户征求口头意见。通过合理的、科学的出门接待工作，可以指导档案人员在以后的工作中提供较好的服务。

（2）原件外借

航空消防技术档案原件一般不借出档案馆外使用，但在某些特殊情况下，如必须提供原件作为证据或不便于到阅览室来利用时，经批准后，可暂时将原件借出利用。由于航空消防技术档案建设初期一般还不具备专门的阅览室，故较多的是原件外借利用。

航空消防技术档案管理部门对于准许外借的档案应进行严格的检查，对破损的尚未修复的档案以及没有经过整理的文件，一般不准许外借。档案的外借，应建立一系列的规章制度，只有在保证档案材料不受损坏的前提下，才准许外借。出借时，应进行严格的点交，履行登记签字手续。借阅单位必须承担维护档案材料完整和安全的全部责任，不得擅自拆散档案或变更其原有次序；不得对档案材料进行自行复制、转借或转抄。档案部门对原件外借期限的掌握应从短计议，对外借档案的数量也应严格控制。当借出档案归还时，应认真消点和检查，并在借阅登记簿上注销。如发现有拆散、抽换、污损、涂改、遗失等情况应及时做出相应的处理。

（3）文本复制

随着航空消防技术档案提供利用工作的深化，人们利用的形式也趋向于多样化。一般用户的利用目的是获得有关的森林消防相关的信息，在档案材料可靠性得到保证的前提下，对所利用的档案文本并不作特殊要求。正是由于这样一种利用需要，为制发档案复制本、提供利用开辟了广阔的前景。

文本复制具有一定的优点：文本复制后，用户不到档案馆来也可获得有关的信息；能够在同一时间内满足多方利用的需要；文本复制可以减少对原件的利用，能够有效地避免原件利用时可能造成的磨损和破坏。因此，这是一种日趋发展的、比较理想的提供利用方式。

文本复制一般可分为副本和摘录两种。所谓副本，即反映原件所有组成部分的复制本；所谓摘录，即只反映原件某些部分的复制本。文本复制的主要方式有：手抄、打字、印刷、照相和复印等。必要时可以仿制原件，如为了展出的需要，可以制成与原件的制成材料以及其他外形特征完全相同的仿真副本。

但是，文本复制也有它的局限性，如制发的复制本不易保密；不易控制；不易保护有关的知识产权等。因此，对复制的档案文本应加以必要的限制。如不经档案部门允许，不得对复制本进行引用、公布、再复制、散发或用其他的方法利用这些材料。档案管理部门也应要求用户将用完的复制本返回。

（4）档案证明

档案证明是指航空消防技术档案馆根据用户的需要和申请，为证明某种航空消防过程中的有关事实在馆藏档案中有无记载以及如何记载而出具的书面证明文件。

在一场森林火灾扑救过后，人们往往需要档案部门提供一定的证明文件，以证实某种事实在档案中的记载情况。如火灾肇事者进行诉讼活动中需要出具的相关证明文件；在消防队员的晋级、评定职称、离退休、出国以及其他事务中需要出具的有关学历、工龄、婚姻、子女等方面的文件。因此，档案馆制发档案证明既是满足用户特殊需要的一种服务手段，同时也是档案发挥作用的一种形式。

档案证明必须在用户提出申请的前提下制发。在申请书中，用户一般应写明要求制发证明的目的、用途、所要证明的事项及其发生的时间、地点等情况，以便档案人员对申请书进行审查以及档案的查找和证明的编写。

档案馆制发档案证明的依据，应该是文件的定稿或正本。只有在定稿或正本不存在的情况下，才可以根据其他的稿本来编写。制发档案证明所依据的文件稿本，必须在证明上加以注明，并说明材料出处和依据。档案馆出具的档案证明只能说明某种事实在档案中有无记载以及如何记载，只能以引述和节录原文为主要形式，档案人员不得对有关材料进行评价，甚至做出结论。如果必须由档案人员对档案内容进行综述时，务必保证表达的准确性和客观性，文字必须简单明了，范围必须严格限定，不得列入所需证明范围以外的材料。如果档案中对有关问题有两种以上的不同记载，档案人员不得进行倾向性的选择，而应将这些记载都列入档案证明，由用户自行分析和选择。

档案证明具有严格的书面要求，一般不得出现涂改痕迹。如遇写错又不便于重写的情况，应在改正部位加盖公章。档案证明制成以后，应进行认真的核对，准确无误才加盖档案馆或单位公章发出，超过两页（含两页）的，应加盖骑缝章。

（5）参考咨询

航空消防技术档案的参考咨询，是档案人员向用户直接提供档案信息及有关情报的一种服务方式。

用户到航空消防技术档案管理部门来利用档案。他们提出的各种要求往往是比较原始的，不规范的，他们的查询意图也往往与航空消防技术档案的馆藏不一致。因此，他们希望得到档案人员的介绍，帮助他们确定有关的查询途径和领域，希望档案人员凭借自己的丰富的专业知识和熟悉馆藏的特点，直接给他们解答有关的问题。这些都决定了档案参考咨询工作存在的必要性，也表明了档案参考咨询工作实际上是存在于档案提供利用的各种方式中的。

档案参考咨询的种类较多：从形式上可分为口头咨询和书面咨询；从内容性质上可分为事实性咨询、研究性咨询和情报性咨询；从深度上可分为一般性咨询和专门性咨询。

档案参考咨询的一般步骤如下：

```
┌─────────────────────────────────────────────────┐
│ 接受咨询问题：了解目的、内容、范围和要求            │
└─────────────────────────────────────────────────┘
                        ↓
┌─────────────────────────────────────────────────┐
│ 咨询分析：确定查找档案的范围和步骤                  │
└─────────────────────────────────────────────────┘
                        ↓
┌─────────────────────────────────────────────────┐
│ 查找档案材料：根据确定的范围有步骤地检索            │
└─────────────────────────────────────────────────┘
                        ↓
┌─────────────────────────────────────────────────┐
│ 答复咨询问题：口头和书面答复方式；介绍档案的内密、检索途径、 │
│              提供参考资料等方式                    │
└─────────────────────────────────────────────────┘
                        ↓
┌─────────────────────────────────────────────────┐
│ 建立咨询档案：对有重要价值的问题，建立咨询档案，以总结经验 │
│              和教训，掌握档案参考咨询工作的规律性    │
└─────────────────────────────────────────────────┘
```

（6）档案展览

航空消防技术档案的展览是根据森林消防宣传教育的需要，按照特定的主题，系统地陈列档案材料。这是一种通过展示和介绍航空消防技术档案的内容和形式来提供利用的力式。

由于展览的参观者较多，故其服务面较为广泛，产生的社会影响也较大。同时，航空消防技术档案的展览工作更能以其原始性、真实性、直观性和可靠性见长，能给参观者以深刻的印象，起到生动的宣传教育作用。

档案展览一般有两种形式：一是设立长期的展览厅，比较系统地陈列本馆珍贵的档案；

二是根据需要，按照某一专题，临时性地举办档案展览，突出宣传馆藏的某一方面的特色。

由于档案展览是一项陈列性的档案提供利用形式，因此，对展览的组织具有一定的特殊要求：在保证档案展览的政治性和思想性的前提下，应力求档案展览的科学性和艺术性。航空消防技术档案的展览与其他展览显然在内容上有所不同，但在形式上是相同的。因此，要设置一定的告示牌，并选择在防火期内进行。对所展览过程中陈列的档案应作适当分类，排版要注意醒目。力求做到图文并茂。在不涂改档案的前提下，可适当做一些比较鲜明的标记。对一些特别珍贵的档案文件，一般不要使用原件，而应采用仿真复制件。由于档案展览的参观者人数较多，因此，还应注意有关档案的保密和保护。对涉密档案的展览，应报请批准并限定参观者范围，档案展览工作人员除了负责进行讲解以外，还应随时注意档案的保护工作。

档案工作的根本目的是为了充分发挥档案的作用，而档案作用的充分发挥则离不开档案提供利用的各种方式。随着人类社会活动的发展，档案提供利用的方式也将不断地发生变化，对此应予以特别的关注，以便不断地改进档案提供利用的工作，使档案工作真正适应社会发展的需要（王向明，2001、2009）。

思考题

1. 简要说明建立航空消防技术档案的重要意义。
2. 如何建立航空消防技术档案？
3. 航空消防技术档案的主要内容有哪些？
4. 档案利用工作的指导思想是什么？
5. 如何认识航空消防技术档案的保密和开放问题？
6. 如何进行航空消防技术档案用户研究？
7. 航空消防技术档案的利用方式有哪些？

本章推荐阅读书目

1. 王向明编著. 档案管理学原理[M]. 上海大学出版社，2009.
2. 王向明. 档案文献检索[M]. 上海大学出版社，2001.
3. 周耀林，戴旸，程齐凯，等著. 非物质文化遗产档案管理理论与实践[M]. 武汉大学出版社，2013.
4. 马费成. 信息管理学基础[M]. 武汉大学出版社，2004.

第 8 章

江西航空消防及战例分析

8.1 江西航空护林局的发展

8.1.1 江西航空护林局的组建过程

2005 年 1 月 17 日，江西省人民政府向国家林业局发出赣府文〔2005〕5 号《关于恳请在我省建立航空护林站的函》，恳请国家林业局在南昌昌北机场建立一个固定的航空护林站，在井冈山机场建立一个流动航空护林站。

2006 年 10 月 24~26 日，省发改委、财政厅、编办、民航安监办、机场集团公司、民航南昌空管中心分别发函表示赞成和支持组建江西省航空护林站；12 月 12 日，国家林业局就江西省建设航空护林站进行批复：一、同意你厅在南昌市昌北凤凰洲牛行建设江西省航空护林站建设项目。二、主要建设内容。建设航站综合楼 1 100m²，食堂 350m²，汽车、物资库 420m²，锅炉房、发配电房、警卫室等 220m²。同时建设与之相配套的供水、供电、供热及院内辅助附属设施。同时，购置机组人员运送车、生活保障车、航护通信指挥车各一辆。购置办公、通信、火场信息等辅助设施。三、核心项目总投资估算为 881 万元。资金来源：征用土地费 211 万元由地方配套解决，其余 670 万元由中央预算内财政专项资金安排解决。四、请你厅据此抓紧组织编制项目初步设计，初步设计由你厅审批，报我局备案（林计批字〔2006〕450 号）。

2007 年 11 月 7 日，江西省机构编制委员会办公室赣编办文〔2007〕185 号批复：同意成立江西省航空护林站，为省林业厅下属处级事业单位，核定全额拨款事业编制 30 名。省航空护林站内设办公室、航空护林科、计划财务科、信息网络科等 4 个科室。11 月 11 日 省林业厅党组会议研究决定：裴建元同志任江西省航空护林站站长；刘春荣同志任江西省航空护林站副站长。12 月 17 日江西省航空护林开航典礼在九江基地隆重召开。典礼由江西省政府副秘书长、省森林防火总指挥部副总指挥赵泽华同志主持。出席开航典礼和到会祝贺的有：江西省人民政府副省长、省森林防火总指挥部总指挥长熊盛文，国家林业局西南航空护林总站副总站长和宏，省林业厅党组成员、省林业厅副厅长郭家，省林业厅党组成员、副巡视员詹春森，九江市人民政府副市长廖凯波，空军航空兵第十四师师长王俊飞，民航江西监管办副主任宋广顺，民航华东空管局江西分局副主任王炜等领导及有关单位的负责人。江西省航空护林开航，是江西森林防火工作的一件盛事，标志着江西森林防火手段实现了历史性的突破，彻底结束了江西森林防火没有航空护林的历史，实现了过去主要靠人工防火，向现在利用飞机高科技防火的历史性转变，为江西省今后进一步做好森林防火工作翻开了新的一页。

8.1.2　江西航空护林局开展的业务工作

江西省航空护林站于 2007 年 11 月成立，2015 年改名为江西省航空护林局。至今已圆满完成了 8 个航期的航空护林工作和 3 个夏季的华东、华中地区森林航空值班任务，截止 2015 年 12 月 31 日，共租用各型护林飞机 38 架，依托南昌昌北机场实施各种森林航空消防作业 647 架次，飞行 1 584 小时 09 分。其中，进行空中巡护作业 360 架次，飞行 757 小时 39 分，先后发现、报告森林火情 84 起；进行森林防火宣传作业 12 架次，飞行 36 小时 15 分，配合地方政府播撒森林防火宣传单 8 万多份；进行人工增雨作业 91 架次，飞行 209 小时 39 分，累计增加降雨量 84×10^8 t；进行吊桶灭火作业 96 架次，飞行 192 小时 37 分，共向火场洒水 1 094 桶、5 467t，及时将 61 场森林大火扑灭，充分发挥了航空护林在森林防火中的不可替代作用，最大限度减少了森林资源损失，为保护江西的青山绿水和生态环境做出了积极贡献。

8.1.3　"十三五"建设目标

8.1.3.1　总体目标

以加强森林航空消防能力建设为核心，以打造全功能航站为突破口，通过不断加强航护基地、人才队伍、规章制度和飞行保障建设，使全站的森林航空消防能力明显提升，全省的风景名胜区、主要林区和重点森林防火区全部纳入航空护林范围，森林火灾扑救成功率达到 100%，航站成为全国一流航站。具体目标是：

①建成 1 个航空护林机场、3 个航空护林值班驻防站（点）、7 个直升机临时起降点和 100 个野外停机坪。

②建成一套航空护林移动保障体系。

③建设一支思想过硬、业务精湛、作风优良的航护队伍。

④完善一套工作、学习、生活管理制度。

⑤完成一批航空护林科研项目。

8.1.3.2　作业区区划布局

根据江西省森林资源和现有机场分布情况，考虑到现有森林航空消防飞机的性能，将全省划分为 5 个航空护林重点作业区，分别是赣西北航空护林重点作业区、赣东北航空护林重点作业区、赣东航空护林重点作业区、赣南航空护林重点作业区、赣西航空护林重点作业区。

8.1.3.3　建设内容与任务

1）基础设施建设

（1）机场建设

在南昌市周边建设 1 个航空护林机场。具体分两步实施，第一步，先建 1 个直升机机场。主要建设内容包括：机场场区、飞行区、油库区、地面工作与生活区、目视助航工程、附属工程、空中交通管制工程和指挥、保障相关设备等。第二步，扩建为 1 个通用机场。主要建设内容包括：修建一条宽 30m、长 2 200m 的跑道及其相关保障设施。

直升机机场建设项目，2016 年底前完成机场选址，2017 年完成项目评估和项目申报工作，力争在 2018 年获得国家林业局项目批准并开工建设。通用机场建设项目，在直升机机场建设项目完成后，立即启动机场扩建的申报工作。

（2）移动保障体系建设

一是全面完成移动航站项目建设。2013 年，国家林业局批准江西省建设移动航站项目后，目前已经完成飞行指挥车、运兵车、加运油车和相关通信、导航保障设备采购，2016 年开始投入使用。

二是协调省内军、民航有关单位，签订森林航空消防飞行野外燃油供应保障协议，建立由军、民航参与的移动保障体系，确保满足全省森林火灾扑救飞行作业需要。

（3）值班驻防站（点）建设

依托赣州、宜春、上饶 3 个支线机场，建设 3 个航空护林值班驻防站（点）。主要建设内容包括：地面工作、生活设施和机组人员进出机场保障车辆。

（4）临时机降点建设

在井冈山市、龙虎山、三清山和南城、宁都、定南、修水县境内分别各建设 1 个直升机临时机降点。每个机降点用地面积 8~10 亩，主要建设内容包括：1 个 40m×60m 的混凝土停机坪，1 栋工作（生活）用房，1 辆加运油车，周边围墙等安全设施。

（5）野外停机坪建设

在全省重点林区附近修建 100 个 40m×60m 的直升机野外机降停机坪，用于直升机空运地面扑火人员和物资器材时的临时起降。机坪可建成水泥地或硬化平整的草地。

2）人才队伍建设

在继续加大人才队伍的教育培养力度同时，一与江西农业大学林学院合作编写《森林航空消防技术》教材和科研项目的开展，组织全站人员进行系统的森林航空消防技术知识学习，以全面提升航站业务能力。二与省内地面专业森林消防单位合作，开展森林火灾扑救空地协调配合有关问题研究，形成一个空地配合扑火森林火灾的联动机制，并有针对性地组织开展空地联合扑救演练，以提高森林火灾扑救效率。三是采取轮岗交流的办法，进行"一专多能"培养，使全站人员都成为"多面手"，以满足航站工作的需要。四是继续加大在职学习培训的投入，鼓励干部职工积极参加以林学和森林防火知识为主的高校在职学习，以提高文化水平和业务能力，为航站发展上台阶积累力量。

3）规章制度建设

认真对建站以来的情况进行全面总结，进一步充实完善《江西省航空护林工作规范化管理细则》，使江西省的航空护林工作更加规范；编制完成《江西省航空护林工作卡片》，将航空护林工作中的作业程序、作业方法、作业内容制作成工作卡片，要求飞行观察员、调度员在航空护林作业时，进行读卡操作，以杜绝护林作业飞行中的错、忘、漏问题发生。编制完成《江西省飞行观察员、调度员教育训练大纲》，明确飞行观察员、调度员教育训练的内容、方法和标准，使飞行观察员、调度员的教育训练更加系统、规范。建立健全航站行政管理和后勤保障各项规章制度，力争使航站工作真正实现"按规章办法、用制度管人"。

"十三五"期间将通过加强领导，确保各项建设内容和任务落实；加强协调，争取各方对航空护林事业支持；加强管理，严密组织工程项目施工建设；加强科研，提高森林航空消防科技水平。打造学习型航站，科技创新型航站，和谐平安型航站。合理布局森林航空消防力量，加强航空护林基础设施建设，强化人员专业培训和空地立体扑救综合演练，积极探索森林航空消防的新方法、新手段，全面提升航空护林的综合能力，使"发现早、行动快、灭在小"的森林航空消防优势得到充分发挥，最大限度地减少森林资源和人民生命财产的损失，努力为我省生态文明建设做出积极贡献。

8.1.3.4　全面打造"南方示范航站"

2009年底，西南航空护林总站对江西航站一手抓森林航空消防、一手抓航站建设给予充分肯定，认为航站各项工作走在了全国省属航站的前列，并明确要求江西把航站建设成为"南方示范航站"。

为了认真贯彻落实西南航空护林总站的指示，全面提升航站的各项建设水平和森林航空消防能力，从2010年开始，全站深入开展了创建"南方示范性航站"活动。制定了"五个一"目标。即：建设一个基础设施完善的航护基地，打造一个坚强有力的领导班子，培养一支优秀的航护队伍，制定一套规范的管理制度，探索一条符合江西情况的森林航空消防发展新路。

在具体工作上，要实现4个方面的新突破。一是在扩展森林航空消防服务领域上实现新的突破。除要继续抓好飞机人工增雨，降低森林火险等级的作业飞行外，力争摸索出一条飞机巡护与森林病虫害防治、与野外用火监控等相结合的办法，以提高飞机的利用率。二是在空地配合灭火上实现新的突破。飞机灭火，虽然具有行动快、不受地形地貌限制等诸多优势，但由于受地面风向风速、作业人员技术和吊桶载水量等因素的影响，在没有地面人员的有效配合下，空中吊桶洒水灭火的效果将大打折扣。为此，要通过建立一套空地联动的有效机制，来实现空地人员的密切配合，全面提高飞机的灭火效率。三是在减少受军、民航飞行制约与影响上实现新的突破。森林航空消防飞行受军、民航飞行的制约和影响非常大，航站要加强对飞行计划安排和飞行航线选定方面的研究，力求通过合理安排飞行计划和飞行航线，把制约和影响护林飞行的情况降到最低。四是在改进飞机灭火方法和手段上实现新的突破。要积极争取流动航站建设项目，力争通过采取野外降落加油或到其他机场驻守值班等办法和手段，来全面提高森林航空消防的覆盖范围。

2012年10月，国家林业局南方航空护林总站考核组对江西航站进行全面验收，2013年1月正式授予江西航站为"南方省属示范站"。

8.2　江西航空消防灭火案例分析

8.2.1　2007 年 12 月 8 日南昌市蛟桥火灾案例

2007 年 12 月 8 日 9:00 左右，南昌市昌北区蛟桥镇双岭村（东经 115°46′26″），北纬 28°45′14″）一进山作业的农民乱丢烟头，引发森林火灾，13:12 飞机对该火场进行侦察，火场过火面积已达 600 余亩，火场地形复杂，坡度比较陡峭（30°~50°），火场主要植被为油茶、杂灌、茅草山，火场西部、东部有 4 个较大火头，并向四周蔓延，有近 1 000m 火线，火场西面紧靠梅岭国家森林公园，山高林密，煤气库、燃油库、军需库等重点目标多，北面 100m 是江西省林业科学研究院的珍稀树木园，内有 400 多种珍稀树种，西北面是村庄，火灾如不及时扑救，势必造成重大损失，由于火势较猛，400 余人员难以靠近。

江西航站出击迅速，充分发挥航空护林优势，重点对火场的东、西线实施吊桶洒水灭火作业，11:15，直升机挂桶在距火场南面 2km 的一个水库取水，向火场东线洒水 8 桶，随后，又向火场西线洒水 10 桶，共洒水 18 桶，桶桶命中，有效控制了火势蔓延，经过 2 个多小时的艰苦奋战，17 时 15 分林火被全部扑灭。

8.2.2　2008 年 12 月 7 日万载县火灾案例

2008 年 12 月 7 日在宜春市万载县县城以北，由于烧荒不慎跑火引起森林火灾，火场坐标为东经 114°25′05″、北纬 28°11′20″，火场面积 20 亩，火势强，火场东北方向有一条 100m 长的火线，威胁大面积的森林，西南方向有一条 200m 长的火线，火势向东北和西南方向发展，火场附近有村庄和爆竹引线厂，地面人员无法靠近，如果林火得不到及时扑救，有可能引发重大的地面爆炸事故，情况万分紧急（图 8-1）。

图 8-1　万载县火场全貌图

火场特点：①距离居民点较近。火场的东面和北面均有民房，稍远一点的西北面民房更是密集。②附近有重大隐患。火场附近有一家爆竹引线厂，场内存有大量爆竹引线。③交通便利。火场位于山脚，离公路较近，便与地面人员配合。④水源较近。火场西面有一处水塘，便于飞机取水。15:56，M-171 飞机巡护至万载县城以北约 15km 处时，发现一处林火。

15:58，飞机对火场进行侦查，发现火场火势较强，周围有居民点和爆竹引线场。

16:02，飞行观察员将火场情况，及时向上级领导汇报。

16:05，由于情况紧急，随机执行巡护任务的飞行观察员当即决定，对火场实施吊桶灭火。机上人员立即寻找机降点进行降落，并挂上吊桶开始对火场的主要火头、火线实施吊桶灭火。

18:20，在空、地面人员的通力配合下，经过 2h24min 的扑救，及时控制住了火势，使大火彻底被扑灭。

万载县"12.7"森林火灾发生后，省、市、县各级领导高度重视，立即启动森林防火扑救预案，从各地抽调了大批专业扑火人员进行扑救。火情的及"早"发现，及"早"处置，对这起森林火灾的快速扑救起着重要的作用。航空消防飞机的及时到位，有效解决了威胁扑火队员安全和森林资源损失，从而较好地保护了爆竹引线厂和附近居民的生命安全。

8.2.3 2013 年 8 月 10 日九江市武宁县罗坪镇火灾案例

2013 年 8 月 10 日在九江市武宁县罗坪镇，由于雷击原因引起重大森林火灾（图 8-2），火场特点：①山高坡陡。起火点位于海拔 800m 以上的山顶，山势陡峭，四面山坡的坡度均在 70°以上，地面人员很难爬上山进行扑救。②林木茂密。该片林区是江西省为数不多的原始森林之一，以阔叶树和松、杉木为主，此处山民的活动范围不超过海拔 500m，故林下沉积物非常多，最厚处达 1m 多深，扑救难度非常大。③地下燃烧。由于起火点位于

图 8-2 九江市武宁县火灾发生图

山顶，加上地面处于静风状态，整个火势自上而下在沉积物底层缓慢向山下燃烧，空中洒下的水无法直接作用到火源上。④离机场较远。从昌北机场到达武宁火场的直线距离逾90km，K-32 直升机每次挂桶作业飞行的续航时间一般为 2h，而飞机往返于机场的空中飞行时间至少需要 1.5h，留在火场的作业时间最多只有 0.5h。⑤取水点近。火场的山脚下有 1 个大型水库，水深都在 5m 以上，且与火场的距离约为 5~6km，便于飞机取水灭火。

火势由山顶向山下四周缓慢蔓延，受害森林面积达 40hm²，经该市、县上千名地面专业扑火人员连续多天的扑救，火势未得到控制。为此，8 月 13 日，省森林防火总指挥部要求省航空护林站立即向南方航空护林总站申请飞机支援。

8 月 14 日，南方航空护林总站指派在云南省丽江市担负西南森林防火值班任务的 1 架 K-32 直升机立即前往江西支援灭火。

8 月 15 日，国家森林防火指挥部又从东北抽调了 2 架 K-32 和 1 架 M-171 直升机立即前往江西增援，并明确在完成江西省森林航空消防任务后，以昌北国际机场为基地，担负江西并辐射周边省份的森林航空消防值班任务。

8 月 17 日 15:00，从山东威海调入的 1 架 K-32 飞机率先到达南昌昌北国际机场。飞机落地后，航站立即组织机组人员进行灭火前准备，18:20，飞机完成一切准备工作。

8 月 18 日 4:30，航站值班飞行观察员和机组人员起床用早餐，同时向军、民航空管部门提出灭火飞行申请。5:00，在得到军、民航空管部门扑救飞行同意后，飞行观察员和机组人员立即进场进行飞行前准备。5:45，当太阳刚从地平线升起，飞机迅速从昌北机场升空，直奔火场。6:30，飞机到达火场，并展开火情侦察。火场位于武宁县罗坪镇洞坪村群峰自然村后的云岩山上，大火从山顶向下燃烧，火场的东北面有一条长约 300m 的向下燃烧烟带，其中 6 个烟点的烟雾比较大。西北面有一条长约 50m 的下山明火火线，火势中，有一条长约 30m 的向下燃烧烟带，其中 2 个烟点的烟雾比较大。西南面有一条长约 100m 的向下燃烧烟带，其中 2 个烟点的烟雾比较大。火情侦察后，飞行观察员与机长研究确定，首先对西北和西南面的火线进行吊灭，洒水 8 桶后，明火被扑灭，4 个烟点的烟雾消失。飞机立即转入对东北面的火线进行扑救，洒水 6 桶后，6 个烟点的烟雾消失。7:35，飞机退出火场，到距离火场 21km 的武宁县第一中学操场进行野外降落加油。当日，飞机共到该县一中操场野外降落加油 3 次，实施吊灭飞行 4 架次，累计洒水 43 桶。飞机完成任务返回昌北机场后，及时向前线扑救指挥部了解了扑救情况，并做好了第二天继续灭火的准备。

8 月 19 日 11:20，按照省森林防火总指挥部的指令，飞机再次从昌北机场起飞，对武宁县火场又进行了 3 架次的扑救，共向火场洒水 38 桶。当日，19:45，前线扑救指挥部宣布，武宁县"8.10"大火被彻底扑灭。此次灭火，创造了江西省航空护林站组织以来的 3 个第一。即：第一次在夏季高温炎热条件下开展森林航空消防作业飞行；第一次连续在野外降落加油，多架次对火场进行扑救；第一次碰到地下火，摸索出了扑救地下火的成功经验。

扑救武宁火场，省、市、县先后出动了 K-32 直升机 1 架，专业扑火队 6 支，应急扑火队 20 支，共计人员 1 000 多人。

江西开展航空护林工作 10 年来，扑救森林火灾 60 多起，但像扑救武宁县这样的地下火，还是首次碰到。在第1和第2架次采取空中正常洒水灭火的办法不见效果的情况下，飞行观察员利用飞机在武宁县一中降落加油的空隙，向前线扑火指挥部了解了火场情况，当得知火场的地下沉积物多，林火主要在厚达半米多深的沉积物底层燃烧的情况后决定，从第三架次开始，采取飞机悬停洒水，增加烟点上洒水量的办法进行扑救。但经过2个架次的实践，灭火效果仍然不够理想。

针对这一情况，航站连夜组织机组和飞行观察员进行了分析研究，通过分析认为，灭火效果不好的原因是山高坡陡，地面沉积物厚，从空中洒下的水，大部分顺着山体从沉积物的表面流走了，水很难作用到地底下的火线上。为此，决定再次改进扑救方法，要求飞机在火线上方的火烧迹地上进行悬停洒水，让洒下的水顺着火烧迹地向沉积物的底层流过，直接作用于地下火线。这一方法，在8月19日的3个架次灭火作业中，收到了很好效果，为最终扑灭火灾起到了关键性作用。

8月17~19日的天气，烈日高照，热浪滚滚。室外的气温达到40℃，机场水泥地和火场上空的气温更高达50℃以上。在这样的条件和环境下工作，其艰难程度是可想而知的，但机组人员和飞行观察员没有叫苦叫累。8月17日15:00，当飞机在昌北机场一落地，就立即组织人员卸载机上器材设备，安装外挂架和吊桶，并对飞机进行全面检查，保证飞机在第二天一早就能随时出动执行任务。在8月18、19日的两天灭火作业飞行中，机组人员和飞行观察员早出晚归，每天工作10h以上，连续作业灭火7个架次，飞行12h58min，充分发挥了吃苦耐劳、连续作战的革命精神，为火灾及时扑救赢得了宝贵时间。

8.2.4 2014年南昌市湾里区招贤镇招贤村火灾案例

2014年1月4日11:00，在江西省南昌市湾里区招贤镇招贤村，因南昌陆军学院军事演习排除哑弹引起火灾(图8-3)。火场植被为马尾松、木荷针阔混交林及杂灌。火场为丘陵地形，坡陡林密，坡度约40°，风力2~3级，风向偏北，由于持续干旱，森林处于极易燃烧状态。火场北部有一条200m火线，上山火，蔓延至山脊附近的公路，火场西部有一条300m火线，上山火(图8-4)，直接威胁到大面积的森林，航站领导通过电话，确定了双机作业的任务分工，K-32飞机对火场北部火线进行吊桶洒水作业，M-26飞机对火势强的西线进行吊桶洒水作业。扑救本火场投入地面兵力800余人、空中兵力K-32和M-26直升机各1架，采取地空配合、双机作业等扑火战术。火场过火面积20hm²，没有造成人员伤亡。

林火发生后，省森林防火总指挥部副总指挥、省林业厅厅长阎钢军、省森林公安局政委、省防火办专职副主任钟世富主任、航站站长裴建元、南昌市及湾里区相关领导赴火场一线指挥扑救工作，共同研究扑火方案，短时间内各专业消防队、省森警部队、航空护林飞机相继投入扑火作战中。

8.2.4.1 扑救经过

2014年1月4日上午11:30，湾里区接到森林防火"三员"报警，湾里区招贤镇招贤村附近陆军学院打靶场附近突发山火。当即，湾里区防火办立即将火情向市防火办、区委区政府有关领导进行了报告，同时，在第一时间调动了招贤、长岭、茶岭3支专业森林消防

图 8-3　南昌市湾里区招贤镇招贤村火灾发生现场

图 8-4　南昌市湾里区招贤镇招贤村火灾蔓延

队及火情一线侦察人员。在得到一线火情侦察人员准确的山火情报之后，由于火场火势较大，湾里区请求市调动新建县、经济技术开发区专业森林消防力量增援扑火。

13:55，M-171 直升机在巡护过程中发现招贤镇林火，并通报给航站调度，为扑火救灾赢得了先机。

14:03，接到火情报告后，航站立即向空管部门申请灭火飞行计划，同时组织K-32、M-26 机组人员进场。

14:25，K-32 直升机挂桶从昌北机场起飞，10min 后，到达火场，对火场进行了观察，随即飞往火场西南方向的幸福水库取水，对火场北线进行吊灭。

15:38，M-26 直升机挂桶从昌北机场起飞，同时航站带班领导奔赴火场，指挥火场扑救。

15:48，M-26 直升机到达火场，对火场北线洒水一桶，此时，火场北线在地空配合的作用下，火势由强转弱。

15:51，航站领导做出 M-26 直升机重点投入西线作战、K-32 直升机投入北线作战的灭火指令。

16:45，K-32 直升机洒水 18 桶后，因油量不足，返回昌北机场加油。

16:55，K-32 直升机从昌北机场起飞。

17:05，K-32 直升机继续投入到火场北线的扑救中。

17:38，K-32 直升机向火场北线洒水 22 桶，北线已扑灭，M-26 直升机向火场西线洒水 8 桶，无弱烟，火场宣告结束。飞机撤离火场时，地面继续有人清理和看守火场。

此次在"坡陡林密、天干物燥"的恶劣地理自然条件下，从发生到扑灭仅仅用了 6h08min，圆满实现了快速扑救初发火、双机联合作业的一次灭火作战任务，总结成功做法主要有两点。

（1）发现及时并调兵，对火情的快速处置起到了重要作用

①火场发现及时。12:45，执行巡护任务的 M-171 直升机从昌北机场起飞。13:55，飞行观察员发现火情，并将准确的火场情况通报给航站，利用飞机巡护发现火情为扑救森林火情赢得了先机，实现了早发现早扑救的目标。②是扑救力量快速到位。火情发生后，湾里区防火办一方面紧急调动了招贤、长岭、茶岭 3 支专业森林消防队及火情一线侦察人员处置和侦查火情，另一方面立即请求市防火办调集新建县、经开区专业森林消防力量增援扑火，同时 K-32 飞机紧急飞往火场，短时间内，各扑火力量抵达火场并投入扑火战斗，对火情的快速处置起到了重要作用。

（2）严密的组织指挥，对火情的迅速扑灭起到了关键作用

①灭火准备充分有序。接到火情报告后，做出 K-32 飞机为先驱、M-26 作为后备力量的正确安排，K-32 飞机紧急飞向火场作业的同时，M-26 也进场做好飞行待命准备，在进一步及时、全面掌握火场情况后，鉴于一架飞机不能将林火扑灭的实际情况，站领导果断派出 M-26 飞机迅速飞往火场参与扑救。②任务分工具体明确。扑救此次火场，采取 M-26、K-32 双机作业模式，M-26 负责西线火线，K-32 负责东北线火线，通过分线合围的战法，实现全线告捷，双机分工明确协同配合，是灭火作战取得全面胜利的关键因素。

8.2.5 赣州市大余县新城镇森林火灾案例

2008 年 12 月 22 日 9:00，赣州市大余县新城镇水西村引发森林火灾。火场的过火面积约 338hm²，历时 35h50min 将火扑灭，无人员伤亡。

2008 年 12 月 22 日 9:00，赣州市大余县新城镇水西村有一村民违规在造林的山上实施堆烧残枝、杂草时，因不慎跑火引发森林火灾，起火点位于火场的南面；同日 16:30，该镇樟树下村有一村民在上坟祭祖烧纸时，因不慎跑火引发森林火灾，起火点位于火场的东北面。两个火场由于未能及时扑灭，随后连成一个大的火场。火场地形复杂，山高坡陡，飞机到达时火场的过火面积已达 267hm² 以上，火场四周 300~500m 长的火线有 3 条，

1 000m 以上的火线有 2 条(图 8-5)。山上可燃物多，火势强度大，火场周边水源充足，且与火场的距离比较近。扑救本火场先后投入 M-171 和 M-26 直升机各 1 架。地面投入市、县专业森林消防队 10 支，乡镇半专业森林消防队 9 支，以及县、镇、村干部群众共计各类人员 1 200 余人。整个火灾中，无重要目标受损，无重大财产损失，无人员伤亡。

图 8-5　赣州大余县新城镇火灾蔓延

8.2.5.1　火场主要特点

（1）山高坡陡，扑救难度大。火场的海拔高为 200～768m，山的坡度为 25～60°。由于山的相对高度比较高，且山势陡峭，地面无法投入专业人员实施扑救。

（2）过火面积大，火线多且长。在飞机投入扑火前，该火场已经燃烧了 25h，飞机到达火场时，火场的过火面积已达 267 hm^2 以上，火场四周 300～500m 长的火线有 3 条，1 000m 以上的火线有 2 条。

（3）山上可燃物多，火势强度大。火场林相以松、杉中幼林为主，巴茅草、灌丛非常茂盛，加之 2008 年初发生的冰冻雨雪灾害，导致山中的断树、断枝等林下可燃物非常多，火场火势非常强。

（4）周边水源充足，且与火场的距离比较近。火场的南面为稻田地，田中有 2～3 个大的水塘，距离火场约为 8～10m，便于 M-171 飞机取水；火场的西南面有一座大型水库，水深 10m 以上，便于 M-26 飞机取水。

（5）火场附近有机场，便于野外降落加油。在火场的东南面 4～5km 处有一个废弃的军用机场，场内跑道完好，交通便利，加油车进出方便，有利于野外降落加油。

扑救本火场先后空中投入 M-171 和 M-26 直升机各 1 架。地面投入市、县专业森林消防队 10 支，乡镇半专业森林消防队 9 支，以及县、镇、村干部群众共计各类人员 1 200 余人。

经过空地紧密合作，奋力扑救，森林大火于 2008 年 12 月 23 日 20:50 被彻底扑灭。整个火灾中，无重要目标受损，无重大财产损失，无人员伤亡。

这场大火从发生到扑灭，历时 35h50min。火灾过火总面积为 338 hm^2，森林受害面积为 72 hm^2。

8.2.5.2 扑救经过

2008 年 12 月 22 日 9:00 和 16:30，大余县防火办先后接到群众举报，新城镇水西村和樟树下村发生森林火灾。赣州市和大余县政府立即启动了森林火灾应急处置预案，成立了森林火灾扑救前线指挥部，并迅速调集 10 支市、县专业森林消防队和 9 支乡（镇）半专业森林消防队，以及县、镇、村干部群众共计 1 200 余人赶赴火场进行扑救。但由于火场山高、坡陡、林密、风大（偏北风 3~5 级），加上雪灾后造成的林下可燃物多，火势没有得到有效控制，两个火场于当日晚上 20:20 连成一片，形成了森林大火。

12 月 23 日 8 时 20 分，转战赣南执行完井冈山市森林火灾扑救任务的江西省航空护林站领导，在得知大余县森林火灾情况后，立即向省森林防火指挥部请战，请求出动在赣州市新黄金机场待命的 1 架 M-171 飞机对大余县火场进行扑救。

8:35，得到省森林防火指挥部的同意后，航站立即向军、民航空管部门提出了紧急扑火飞行申请，同时组织飞行机组和航护人员进场准备。

9:15，在得到军、民航空管部门飞行批准后，M-171 飞机从赣州市新黄金机场起飞，直奔火场。

9:50，M-171 飞机到达火场上空，立即对火场展开火情侦察，并根据火场态势，飞行观察员迅速与机长确定了扑救方案。

10:03，侦察并确定扑救方案后，M-171 飞机在新城机场降落挂桶，并立即飞往附近水塘提水，对火场南面接近村庄的火线开展吊桶洒水灭火作业。随机跟班作业的航站领导在飞机降落挂桶时，迅速将火场侦察情况向省、市防火办和当时正在赣州市督查的裴建元站长做了详细汇报。根据当时的火场情况，提出了 2 条建议：一是请省防火办与国家森林防火指挥和西南航空护林总站协调联系，让来赣支援井冈山火灾扑救任务并准备从赣州返回广西柳州基地的 M-26 飞机增援大余火灾扑救，以提高空中扑救能力；二是请赣州市防火办协调赣州市新黄金机场燃油公司，派出一辆加油车到新城机场，对 M-171 飞机进行野外加油，以增加飞机留空作业时间。

12:30，国家森防指和西南总站同意了我省请求，加油车也赶到了新城机场。

12:55，M-171 飞机在空中洒水 18 桶，控制了火场南面靠近村庄的火势后，在新城机场降落加油，并在加油过程中，航站领导通过电话，分别与 M-26 和 M-171 机组进行了飞行地面协同，明确了双机作业的组织指挥关系和任务分工。确定 M-171 飞机负责空中指挥调度和东、南面火线的扑救，M-26 飞机负责西、北面和南面接近山顶火线的扑救。

13:58 和 14:13，M-26 和 M-171 飞机分别从赣州、新城机场起飞，双机按照各自的任务分工，统一行动，对火场火线进行全面突击。M-26 飞机首先对火场南面接近山顶的火线进行吊灭，洒水 5 桶，将上山火扑灭，接着对火场西面和北面的 2 条火线各洒水 5 桶，使这 2 条火线的火势得到有效控制；M-171 飞机首先对南面靠近村庄的下山火进行补充洒水 3 桶，将威胁村庄的大火全面扑灭，接着对火场东面的 1 条火线进行吊桶洒水 12 桶，及时将东面火势控制。16:46，由于接近黄昏，双机同时返航，并于 17:22 安全在赣州市新黄金机场降落。

地面人员在飞机退出火场后，及时对火场四周的余火进行了全面清理。20:50，火灾宣告扑灭。

8.2.5.3　主要经验体会

(1)强烈的责任心,迅速的扑火行动,为火灾的及时扑救赢得了宝贵时间

12 月 22 日,航站在完成井冈山森林火灾扑救任务后,按照省森林防火指挥部的要求,在赣州市新黄金机场待命。12 月 23 日早饭后,站领导从赣州市防火办了解到,大余县新城镇发生了一场大面积的森林火灾,大火在 1 200 多名地面人员 23h 的奋力扑救下,仍然没有得到控制。在得知这一信息后,站长裴建元迅速做出反应,主动给省防火办电话请示,要求让在赣州待命的 M-171 飞机参与火灾扑救。在得到省森林防火指挥部的同意后,副站长刘春荣立即采取边申报飞行计划、边组织人员进场的方法,及时做好了扑火前的各项飞行准备,确保飞机在得到命令后的 40min 内迅速升空并投入火灾扑救行动,为 M-171 飞机当日实施 2 架次的满负荷灭火作业飞行赢得了时间,同时也留住了原计划中午返回广西柳州基地的 M-26 飞机参与灭火行动,使火灾扑救力量有了质的飞跃。从当时的火场情况看,如果没有 3 个架次 48 桶的洒水量,没有 M-26 飞机的参与,该火场要在当日晚上扑灭难度非常大,国家的森林资源和人民群众的生命财产就有可能遭受更大损失。

(2)合理的建议,严密的组织指挥,对火灾的迅速扑灭起到了关键作用

赣州市大余县新城镇"12.22"火灾,是江西省航空护林站成立以来,所遇到的第一场大面积的森林火灾,也是首次开展双机灭火作业。从整个扑火行动分析,感到做得比较成功,为火灾的迅速扑灭起到了关键性作用的主要有以下三个方面:

①提出的建议及时合理。侦察完火场后,随机作业的站领导对火场形势做出了正确判断,认为这场大火,光靠 1 架飞机、1 个架次很难扑灭。为此,及时向省、市防火办提出了"动用 M-26 飞机增援和联系油车给 M-171 飞机实施野外加油"的两条建议。从事后情况看,这些意见建议是非常正确和及时的。M-26 飞机载水量大,对整个火场大的、关键性火线的及时扑灭起到了决定性的作用;M-171 飞机通过野外加油,减少了往返机场的航程,大大增加了其在火场的留空作业时间。

②飞行协同扎实详细。M-171 飞机第一架次作业飞行结束后,我们充分利用飞机落地加油的空隙时间,组织两个机组通过电话进行了充分的飞行协同。对双机同一火场作业的指挥调配、取水点、进出火场的飞行线路(高度)做出了详细规定,从而确保了双机扑火作业的顺利安全。

③任务分工具体明确。根据当时的火场态势,我们将整个火场划分为东、南和西、北两个区域,明确 M-26 飞机从西南方向的水库取水,对西和北面火场进行扑救;M-171 飞机从东南方向的水塘取水,对东和南面火场进行扑救。通过东、南和西、北合围,最后用不到 2h 的时间将整个火场的主要火线予以扑灭。

(3)空地一体,通力合作,为火灾的最终扑灭奠定了坚实基础

使用飞机灭火,虽然具有行动快、不受地形地貌限制等诸多优势,但由于其受天气、飞机载水量和飞行员技术等因素的影响,通常情况下,一条火线很难在一次洒水过后就能将其明火全部扑灭,这时如果得不到地面的及时支援,被压制的火线就很有可能死灰复燃,无功而返。针对这一情况,为了提高飞机的扑火效果,在这次灭火过程中,我们通过手机始终与地面森林火灾扑救前线指挥部保持着密切的联系,要求地面专业消防人员注意与飞机配合,在飞机每次洒水过后,及时清理余火;当飞机洒水出现偏差时,及时提醒飞

机修正。通过空、地互动，紧密配合，使这次火灾及时得到有效控制，为最终消灭大火打下了坚实的基础。

思考题

1. 了解江西航空护林站成立以来有哪些好的做法？
2. 航空消防灭火有哪些优势？

本章推荐阅读书目

1. 黑龙江省佳木斯航空护林站编．航空护林基础知识［M］．黑龙江省佳木斯公安局铅印室印，2006.
2. 张思玉，郑怀兵主编．森林防火知识读本［M］．中国林业出版社，2012.

参考文献

安庆新，王兵．2003．国内外消防飞机和直升机介绍[J]．消防技术与产品信息（4）：65－68．

白胜文，张宝柱，刘克韧．2003．中国航空护林的现状、对策及发展思路（下）[J]．中国林业（20）：27－28．

白先达，张雅昕，杨经科．2013．广西桂林人工增雨抗旱作业方案设计[J]．灾害学（01）：98－101．

鲍向东，郭献林，张云平，等．2007．液态 CO_2 播撒催化技术在河南省飞机人工增雨作业中的应用[J]．气象与环境科学（04）：34－36．

毕忠镇．1997．赴俄罗斯航空护林、扑火方法、工艺设备考察报告[J]．森林防火（4）：38－39．

蔡喜福．如何进行西南森林航空消防站点航护的合理化配置来提高航护效益[EB/OL]．http：//xnhz．forestry．httpgov．cn 2005－12－25．

陈宏刚，吴卫红．2007．森林航空消防引进国外机源的影响分析与对策 [A]．第二届中国林业学术大会——S7 新形势下的森林防火问题探讨论文集[C]．

陈劭，乔启宇，王乃康．2007．现代技术在森林消防中的应用与发展[J]．林业机械与木工设备，35（07）：6－9．

崔丽娟，柏华春．2009．浅谈本溪县森林防火档案的建立与管理[J]．内蒙古林业调查设计，32（5）：110－111．

单保君，江西军，王秋华，等．2015．森林航空灭火研究综述[J]．防护林科技（09）：76－78，86．

邓振侠．2013．当代航空护林与森林防火[J]．科技风（11）：267－267．

高仲亮，王秋华，舒立福，等．2014．森林火灾应急扑救中航空飞机装备的种类及技术[J]．林业机械与木工设备（10）：4－8．

国家森林防火指挥办公室组编，张思玉，郑怀兵主编．2012．森林防火知识读本[M]．北京：中国林业出版社．

国家森林防火指挥部办公室．中国森林防火志[M]．北京：中国林业出版社

国务院办公厅．2012．国家森林火灾应急预案 [EB/OL]．http：//www．gov．cm/yigl/2012－12/25/conent－2298315．htm．

郝佩和．2011．林海雄鹰演绎 50 年的光荣与梦想[J]．中国林业（20）：4－6．

郝佩和，陈云君．2006．论提高西南森林航空消防效益的途径[J]．森林防火（2）：44－46．

郝英春，王文元．2009．西南森林航空消防管理系统的建设及应用[J]．林业建设（3）：30－33．

何吓俊．2014．森林火灾隐患档案在防火工作中的应用[J]．森林防火，55（1）：10－12．

侯振伟，赵宏江，李广明．2000．东北航空护林的发展思路[J]．林业科技（3）：31－33．

侯振伟，夏辛畅，李俊．1994．航空护林开结航日期与经济效益[J]．林业科技（3）．

黄乔，郝英男．2016．提高航空化学灭火能力的对策[J]．黑龙江科技信息（17）：81．

黄志军．2011．对航空护林工作的回顾与展望[J]．中国林业（14）：68．

黄志军．2011．森林航空消防在扑救森林火灾中的火场服务[J]．中国林业（20）：58．

江西军．2011．浅析美国波音 747 超大型灭火飞机[J]．森林防火（4）：44－46．

江西军．2012．西班牙森林航空消防技术及效益评估研究[J]．森林防火（3）：58－62．

解友光．2010．奉新森警为飞机巡护保驾护航[J]．森林公安（01）：33．

兰春阳.2010. 朝阳地区飞机人工增雨外场作业方案及增雨实施过程分析[J]. 畜牧与饲料科学,31(4):175-176

黎洁,刘克韧.2013. 中国航空护林之辉煌成就[J]. 中国林业,12(A):28-30.

李家乾.2012. 浅谈森林航空消防技术[J]. 商业文化(下半月)(07):231.

李开达.2011. 对航空护林航线的讨论[J]. 路桥工程设计与施工[J]. 科技促进发展(应用版)(4):136.

李茂仑,金德镇,汪晓梅,等.2001. 飞机人工增雨空地传输系统[J]. 应用气象学报(S1):194-199.

李三奇.2013. 基于航拍图像的森林火灾面积计算方法研究[D]. 北京:北京林业大学.

李世奇.2009. 发展的关键在创新—对东北森林航空消防创新的思考[J]. 中国林业(1B):26.

李世奇,张林生.2000. 关于航空护林事业发展中几个问题的探讨[J]. 森林防火(1):34-35.

李维长.1992. 航空航天技术在护林防火中的应用[J]. 世界林业研究,19(2):43-50.

李岩泉,寇晓军,张明远,等.2015. 国外森林航空化学灭火技术的发展[J]. 林业机械与木工设备(9):4-5+9.

李芝喜编.1990. 林业遥感[M]. 哈尔滨:东北林业大学出版社.

刘福堂.1985. 航空护林的作用[J]. 森林防火(02):26,30.

刘洪诺.2000. 关于航空护林现状和发展探讨[J]. 森林防火(4).

刘金华,李铁林,姚展予,等.2007. 河南省云水资源开发利用技术研究与示范[Z].

刘帅,吴舒辞,黄伟,等.2012. 基于无线传感器网络的森林火情实时监测系统[J]. 中国农学通报,28(07):53-58.

马费成.2004. 信息管理学基础[M]. 武汉:武汉大学出版社,17.

马瑞升,马舒庆,王利平,等.2008. 微型无人驾驶飞机火情监测系统及其初步试验[J]. 气象科技,36(1):100-104.

裴建元.2009. 我国森林航空消防现状及江西航空护林事业发展[J]. 江西林业科技(3):47-49.

裴建元.2012. 森林航空消防在江西省的实践与应用研究[D]. 南昌:江西农业大学.

裴建元. 浅谈江西省森林航空消防发展概况[J](森林防火专业委员会办公室刊发此文)作者:发布时间:2014年07月11日 来源:

任海,姚庆学,高昌菊.2003. 国外森林防火新技术与设备[J]. 林业机械与木工设备,31(3):33-35.

尚超,王克印.2013. 森林航空灭火技术现状及展望[J]. 林业机械与木工设备,41(3):4-8.

苏婷婷.2013. 消防档案管理工作存在问题及思考[J]. 武警学院学报,29(4):77-79.

孙继生,任儒林.2004. 组建"流动航站"是充分发挥航空护林优势的有效途径[J]. 森林防火(3):44-45.

滕范例.航1992. 空灭火是扑救森林火灾的最佳手段[J]. 森林防火(S2):31-32.

田晓瑞,舒立福.2012. 国外森林火灾应急管理系统研究与借鉴[J]. 中国应急管理(11):50-53.

田晓瑞,张有慧,舒立福,等.2004. 林火研究综述(V)—航空护林[J]. 世界林业研究(5):17-20.

万秋雯.2014. 我国航空应急救援现状及发展建议[J]. 科技资讯(22):218.

王本传.1999. 森林防火档案的收集与整理[J]. 森林防火,40(2):13.

王广河,胡志晋,陈万奎.2001. 人工增雨农业减灾技术研究[J]. 应用气象学报(S1):1-9.

王静,张兴国,韩贵铺,等.2007. 驻马店市人工增雨需求与作业条件分析[C]. 广州.

王文元.2008. 依靠科技手段促进西南森林航空消防事业发展[J]. 林业建设(4):30-33.

王文元,吴灵,徐艾华.2006. 西南森林航空消防数字化管理及信息通信系统建设研究[J]. 林业建设(3):69-72.

王向明.2001. 档案文献检索[M]. 上海:上海大学出版社.

王向明.2009. 档案管理学原理[M]. 上海:上海大学出版社,297-317.

王忠宝.1992.加强系统工程建设发挥航空护林优势[J].森林防火(S2):70-71.

王忠宝,殷纪闽.1992.谈航空护林档案的范围和作用[J].森林防火,33(2):33-34.

魏振宇.2014.航空护林在森林防火中的作用[J].科学中国人(11X):153-153.

吴昊,陈宏刚,吴卫红.2015.安宁"5·21"森林火灾航空扑救战例评析[J].林业调查规划,40(2):18-22.

吴灵.2011.论西南森林航空消防近期发展规划[J].森林防火(4):33-36.

徐艾华,赵春梅,梁玛玉,等.2014.滇中地区建设森林航空消防直升机场的必要性与可行性分析[J].林业调查规划,39(1):65-72.

徐松泽.2006.加强调度指挥系统建设促进航空护林事业发展[J].森林防火(4):36-38.

许继爽,王诗奎,杨鹤猛,等.2016.高分辨率遥感卫星在应急监测领域的应用[J].卫星应用(3):48-53.

闫学薇.2004.新形势下消防档案管理工作及发展思路[J].消防科学与技术,23(5):120-121.

阎铁铮,郭冶,于泽蛟,等.2014.提高航空化学灭火能力的对策[J].森林防火(4):43-45.

杨冰雨.2010.黑河地区森林火灾发生规律的研究[D].哈尔滨:东北林业大学,

杨光,舒立福,邸雪颖,等.2013.韩国森林火灾及其防控对策[J].世界林业研究,26(4):63-68.

杨建元,鲍向东,李航航,等.2012.人工增雨飞机的改装技术及实践[J].气象与环境科学(03):85-89.

杨林.2012.我国森林航空消防救援体系现状及发展建议[J].林业建设(3):24-27.

杨林.2014.南方航空护林现状及发展对策[J].林业建设(2):7-8.

杨林,梁玛玉,陈宏刚,等.2012.南方森林航空消防安全生产对策研究[J].森林防火(1):51-55.

杨艳梅.2012.如何做好森林防火档案的收集与整理工作[J].黑龙江档案,192(3):97.

杨艳秋,魏娜,唐北武.2008.建立森林火灾档案刍议[J].林业劳动安全,21(3):23-25.

杨兆西.2004.川西高原高山峡谷林区航空护林发展初探[J].森林防火(03):40-41.

张宝柱,刘克韧.2002.提高空中直接灭火能力是航空护林事业的发展方向[J].森林防火(4):39-40.

张宝柱,孙继生.2004.对我国航空护林发展问题的思考[J].森林防火(4):38-40.

张广林,段勇,李昊.2010.国外航空救援体系的发展[J].中国应急管理(6):53-56.

张林生.2005.扑救特大森林火灾时如何提高飞机使用效益[J].森林防火(4):38-39.

张临萍,田晓瑞,舒立福.2011.由波音747改装的飞机在林火扑救中的应用[J].森林防火(2):35-36.

张玉贵.1990.森林防火档案的建立和利用[J].辽宁林业科技(3):61-62,57.

张泽恩,冯乃祥.1992.航空护林调度工作40问[J].森林防火(S1):47-51.

张照洋.2007.滇西北森林航空消防发展对策浅析[J].森林防火(4):34-36.

张治中.2003.东北航空护林飞行总调度室成立的作用和意义[J].森林防火(3):20-21.

赵永德.1992.飞机人工增雨飞行气象保障问题[J].山东气象(03):44-45.

郑林玉,任国祥.1995.中国航空护林[M].北京:中国林业出版社.

郑林玉,张喜中.1992.航空护林"四个最佳"条件的选择[J].森林防火,增刊:44-46.

钟喜林.1984.对航空化学灭火喷洒技术的探讨[J].林业科技(2):17-18.

周琼.2014.WebGIS森林火情及应急资源监测系统设计与实现[D].齐齐哈尔:齐齐哈尔大学.

周生瑞,江西军.2013.美国森林航空消防发展历史及现状[J].森林防火(3):55-60.

周涛,黄向东,张雷,等.2015.湖南省森林航空消防护林调度指挥系统的设计与开发[J].湖南林业科技,42(6):136-140.

周万书,陈宏刚,史磊.2009.森林航空消防洒水扑火技术探讨[J].森林防火(3):56-59.

周耀林，戴旸，程齐凯等著. 2013. 非物质文化遗产档案管理理论与实践[M]. 武汉：武汉大学出版社，245－251.

周宇飞，李小川，王振师. 2013. 森林火灾扑救技术研究进展[J]. 广东林业科技，29(5)：53－56.

朱会生. 1995. 浅谈航空护林调度指挥工作[J]. 内蒙古林业(3)：37－38.

朱那，黄金. 2009. 航空灭火的手段及发展趋势[J]. 中国林业(3)：62－62.

朱那，斯琴毕力格，黄金. 2009. 航空灭火的手段及发展趋势[J]. 中国林业(3)：62.

Admin. 2011. The Evolution of Aerial Firefighting. http：//blog. firedex. com/2011/04/06/the-evolution-of-aerial-firefighting/，January 5，2015.

Ay N，Ay Z. 2011. Aircraft and Helicopter Usages in Forest Fires in Turkey (A Case Study：Antalya Region). http：//www. academia. edu/1569000/Aircraft_ and_ Helicopter_ Usages_ in_ Forest_ Fires_ in_ Turkey_ A_ Case_ Study_ Antalya_ Region_ January 5，2015.

Bilgili E，Baskaya S，Hacloğlu K，Kurtulmu şlu M S，Erdoğan Y，Kol M. 2005. Fire Management and Associated Public Policies in Turkey，International Forest Fire News (IFFN)，33：62－69.

Brian J S. 2002. Forest Fire Management in Canada[J]. International Forest Fire News，27：2－5.

Eduard P D. 2000. Forest Fire Problems in 1999 in the Russian Federation[J]. International Forest Fire News，22：63－66.

Smith E J.，Veitch L G.，Shaw D E.，Miller A J. 1979. A Cloud-Seeding Experiment in Tasmania[J]. Journal of applied meteorology(18)：804－815.

Gabbert B. 2012. Air Spray moves into California，will convert BAe-146 into air tanker. http：//wildfiretoday. com/2012/10/02/air-spray-moves-into-california-will-convert-bae-146-into-air-tanker/，October 2，2012

Gabbert B. 2014. Unmanned K-MAX helicopter demonstrates dropping water on a fire. http：//fireaviation. com/2014/11/18/unmanned-k-max-helicopter-demonstrated-dropping-water-on-a-fire/，November 18，2014.

Gavriil X. 2000. Fire Situation in Greece[J]. International Forest Fire News，23：76－84.

Biswas K R and and Dennis A S. 1971Formation of a Rain Shower by Salt Seeding[J]. Journal of applied meteorology(10)：780－784.

MalcolmG，Peter H R. 2002. Moore Fire Situation in Australia[J]. International Forest Fire News，26：2－8.

Ollero A，Martínez-de-Dios J R，Merino L. 2006. Unmanned Aerial Vehicles as tools for forest-fire fighting. In：Viegas DX (Ed.). V International Conference on Forest Fire Research. 27－30 November 2006，Coimbra，Portugal. (Ed. DX Viegas) (CD-ROM) (Elsevier：Amsterdam).

Peuch C E. 2005. Firefighting Safety in France[C]. Eighth International Wildland Fire Safety Summit，April 26－28，2005 Missoula，MT.

Shi Y W (Shi Yuanwu). 2008. The Digital Protection of Intangible Cultural Heritage-The Construction of Digital Museum[J] 9th International Conference on Computer Aided Industrial Design & Conceptual Design；Vols 1 and 2-Multicultural Creation and Design-caid & CD，(01)：1196－1199.

Taich Maki，Osamu Morita，Yoshinori Suzuki，Kenji Wakimizu. 2013. Artificial rainfall technique based on the aircraft seeding of liquid carbon dioxide near Miyake and Mikura Islands，Tokyo，Japan[J]. J. Agric. Metorol.，69(3)：147－157.

U. S. Centennial of Flight Commission. 2007. Aerial Firefighting. http：//aerialfirefighting. com.

Yang C. 2006. Recovery of cultural activity for digital safeguarding of intangible cultural heritage[J]. WCICA 2006：Sixth Word Congress on Intelligent Control and Automation，Vols 1－12，Conference Proceedings，10337－10341.

附　录

中华人民共和国档案法

（1987 年 9 月 5 日第六届全国人民代表大会常务委员会第二十二次会议通过
根据 1996 年 7 月 5 日第八届全国人民代表大会常务委员会第二十次会议
《关于修改〈中华人民共和国档案法〉的决定》修正）

第一章　总则

第一条　为了加强对档案的管理和收集、整理工作，有效地保护和利用档案，为社会主义现代化建设服务，制定本法。

第二条　本法所称的档案，是指过去和现在的国家机构、社会组织以及个人从事政治、军事、经济、科学、技术、文化、宗教等活动直接形成的对国家和社会有保存价值的各种文字、图表、声像等不同形式的历史记录。

第三条　一切国家机关、武装力量、政党、社会团体、企业事业单位和公民都有保护档案的义务。

第四条　各级人民政府应当加强对档案工作的领导，把档案事业的建设列入国民经济和社会发展计划。

第五条　档案工作实行统一领导、分级管理的原则，维护档案完整与安全，便于社会各方面的利用。

第二章　档案机构及其职责

第六条　国家档案行政管理部门主管全国档案事业，对全国的档案事业实行统筹规划，组织协调、统一制度，监督和指导。

县级以上地方各级人民政府的档案行政管理部门主管本行政区域内的档案事业，并对本行政区域内机关、团体、企业事业单位和其他织织的档案工作实行监督和指导。

乡、镇人民政府应当指定人员负责保管本机关的档案，并对所属单位的档案工作实行监督和指导。

第七条　机关、团体、企业事业单位和其他组织的档案机构或者档案工作人员，负责保管本单位的档案，并对所属机构的档案工作实行监督和指导。

第八条　中央和县级以上地方各级各类档案馆，是集中管理档案的文化事业机构，负责接收、收集、整理、保管和提供利用各分管范围内的档案。

第九条　档案工作人员应当忠于职守，遵守纪律，具备专业知识。

在档案的收集、整理、保护和提供利用等方面成绩显著的单位或者个人，由各级人民政府给予奖励。

第三章　档案的管理

第十条　对国家规定的应当立卷归档的材料，必须按照规定，定期向本单位档案机构或者档案工作人员移交，集中管理，任何个人不得据为已有。

国家规定不得归档的材料，禁止擅自归档。

第十一条　机关、团体、企业事业单位和其他组织必须按照国家规定，定期向档案馆移交档案。

第十二条　博物馆、图书馆、纪念馆等单位保存的文物、图书资料同时是档案的，可以按照法律和行政法规的规定，由上述单位自行管理。

档案馆与上述单位应当在档案的利用方面互相协作。

第十三条　各级各类档案馆，机关、团体、企业事业单位和其他组织的档案机构，应当建立科学的管理制度，便于对档案的利用；配置必要的设施，确保档案的安全；采用先进技术，实现档案管理的现代化。

第十四条 保密档案的管理和利用，密级的变更和解密，必须按照国家有关保密的法律和行政法规的规定办理。

第十五条 鉴定档案保存价值的原则、保管期限的标准以及销毁档案的程序和办法，由国家档案行政管理部门制定，禁止擅自销毁档案。

第十六条 集体所有的和个人所有的对国家和社会具有保存价值的或者应当保密的档案，档案所有者应当妥善保管。对于保管条件恶劣或者其他原因被认为可能导致档案严重损毁和不安全的，国家档案行政管理部门有权采取代为保管等确保档案完整和安全的措施；必要时，可以收购或者征购。

前款所列档案，档案所有者可以向国家档案馆寄存或者出卖；向国家档案馆以外的任何单位或者个人出卖的，应当按照有关规定由县级以上人民政府档案行政管理部门批准。严禁倒卖牟利，严禁卖给或者赠送给外国人。

向同家捐赠档案的，档案馆应当予以奖励。

第十七条 禁止出卖属于国家所有的档案。

国有企业事业单位资产转让时，转让有关档案的具体办法由国家档案行政管理部门制定。

档案复制件的交换、转让和出卖，按照国家规定办理。

第十八条 属于国家所有的档案和本法第十六条规定的档案以及这些档案的复制件，禁止私自携运出境。

第四章 档案的利用和公布

第十九条 国家档案馆保管的档案，一般应当自形成之日起满三十年向社会开放。经济、科学、技术、文化等类档案向社会开放的期限，可以少于三十年，涉及国家安全或者更大利益以及其他到期不宜开放的档案向社会开放的期限，可以多于三十年，具体期限由国家档案行政管理部门制订，报国务院批准施行。

档案馆应当定期公布开放档案的目录，并为档案的利用创造条件，简化手续，提供方便。中华人民共和国公民和组织持有合法证明，可以利用已经开放的档案。

第二十条 机关、团体、企业事业单位和其他组织以及公民根据经济建设、国防建设、教学科研和其他各项工作的需要，可以按照有关规定，利用档案馆未开放的档案以及有关机关、团体、企业事业单位和其他组织保存的档案。

利用未开放档案的办法，由国家档案行政管理部门和有关主管部门规定。

第二十一条 向档案馆移交、捐赠、寄存档案的单位和个人，对其档案享有优先利用权，并可对其档案中不宜向社会开放的部分提出限制利用的意见，档案馆应当维护他们的合法权益。

第二十二条 属于国家所有的档案，由国家授权的档案馆或者有关机关公布；未经档案馆或者有关机关同意，任何组织和个人无权公布。

集体所有的和个人所有的档案，档案的所有者有权公布，但必须遵守国家有关规定，不得损害国家安全和利益，不得侵犯他人的合法权益。

第二十三条 各级各类档案馆应当配备研究人员，加强对档案的研究整理，有计划地组织编辑出版档案材料，在不同范围内发行。

第五章 法律责任

第二十四条 有下列行为之一的，由县级以上人民政府档案行政管理部门、有关主管部门对直接负责的主管人员或者其他直接责任人员依法给予行政处分；构成犯罪的，依法追究刑事责任：

（一）损毁、丢失属于国家所有的档案的；

（二）擅自提供、抄录、公布、销毁属于国家所有的档案的；

（三）涂改、伪造档案的；

（四）违反本法第十六条、第十七条规定，擅自出卖或者转让档案的；

（五）倒卖档案牟利或者将档案卖给、赠送给外国人的；

（六）违反本法第十条、第十一条规定，不按规定归档或者不按期移交档案的；

（七）明知所保存的档案面临危险而不采取措施，造成档案损失的；

（八）档案工作人员玩忽职守，造成档案损失的。

在利用档案馆的档案中，有前款第一项、第二项、第三项违法行为的，由县级以上人民政府档案行政管理部门给予警告，可以并处罚款；造成损失的，责令赔偿损失。

企业事业组织或者个人有第一款第四项、第五项违法行为的，由县级以上人民政府档案行政管理部门给予警告，可以并处罚款；有违法所得的，没收违法所得；并可以依照本法第十六条的规定征购所出卖或者赠送的档案。

第二十五条 携运禁止出境的档案或者其复制件出境的，由海关予以没收，可以并处罚款；并将没收的档案或者其复制件移交档案行政管理部门；构成犯罪的，依法追究刑事责任。

第六章 附则

第二十六条 本法实施办法，由国家档案行政管理部门制定，报国务院批准后施行。

第二十七条 本法自 1988 年 1 月 1 日起施行。

中华人民共和国档案法实施办法

（1999 年 5 月 5 日国务院批准
1999 年 6 月 7 日 国家档案局令 第 5 号发布）

第一章 总则

第一条 根据《中华人民共和国档案法》（以下简称《档案法》）的规定，制定本办法。

第二条 《档案法》第二条所称对国家和社会有保存价值的档案，属于国家所有的，由国家档案局会同国家有关部门确定具体范围；属于集体所有、个人所有以及其他不属于国家所有的，由省、自治区、直辖市人民政府档案行政管理部门征得国家档案局同意后确定具体范围。

第三条 各级国家档案馆馆藏的永久保管档案分一、二、三级管理，分级的具体标准和管理办法由国家档案局制定。

第四条 国务院各部门经国家档案局同意，省、自治区、直辖市人民政府各部门经本级人民政府档案行政管理部门同意，可以制定本系统专业档案的具体管理制度和办法。

第五条 县级以上各级人民政府应当加强对档案工作的领导，把档案事业建设列入本级国民经济和社会发展计划，建立、健全档案机构，确定必要的人员编制，统筹安排发展档案事业所需经费。

机关、团体、企业事业单位和其他组织应当加强对本单位档案工作的领导，保障档案工作依法开展。

第六条 有下列事迹之一的，由人民政府、档案行政管理部门或者本单位给予奖励：

（一）对档案的收集、整理、提供利用做出显著成绩的；

（二）对档案的保护和现代化管理做出显著成绩的；

（三）对档案学研究做出重要贡献的；

（四）将重要的或者珍贵的档案捐赠给国家的；

（五）同违反档案法律、法规的行为作斗争，表现突出的。

第二章 档案机构及其职责

第七条 国家档案局依照《档案法》第六条第一款的规定，履行下列职责：

（一）根据有关法律、行政法规和国家有关方针政策，研究、制定档案工作规章制度和具体方针政策；

（二）组织协调全国档案事业的发展，制定发展档案事业的综合规划和专项计划，并组织实施；

（三）对有关法律、法规和国家有关方针政策的实施情况进行监督检查，依法查处档案违法行为；

（四）对中央和国家机关各部门、国务院直属企业事业单位以及依照国家有关规定不属于登记范围的全国性社会团体的档案工作，中央级国家档案馆的工作，以及省、自治区、直辖市人民政府档案行政管理部门的工作，实施监督、指导；

（五）组织、指导档案理论与科学技术研究、档案宣传与档案教育、档案工作人员培训；

（六）组织、开展档案工作的国际交流活动。

第八条 县级以上地方各级人民政府档案行政管理部门依照《档案法》第六条第二款的规定，履行下列职责：

（一）贯彻执行有关法律、法规和国家有关方针政策；

（二）制定本行政区域内的档案事业发展计划和档案工作规章制度，并组织实施；

（三）监督、指导本行政区域内的档案工作，依法查处档案违法行为；

（四）组织、指导本行政区域内档案理论与科学技术研究、档案宣传与档案教育、档案工作人员培训。

第九条 机关、团体、企业事业单位和其他组织的档案机构依照《档案法》第七条的规定，履行下列职责：

（一）贯彻执行有关法律、法规和国家有关方针政策，建立、健全本单位的档案工作规章制度；

（二）指导本单位文件、资料的形成、积累和归档工作；

（三）统一管理本单位的档案，并按照规定向有关档案馆移交档案；

（四）监督、指导所属机构的档案工作。

第十条 中央和地方各级国家档案馆，是集中保存、管理档案的文化事业机构，依照《档案法》第八条的规定，承担下列工作任务：

（一）收集和接收本馆保管范围内对国家和社会有保存价值的档案；

（二）对所保存的档案严格按照规定整理和保管；

（三）采取各种形式开发档案资源，为社会利用档案资源提供服务。

按照国家有关规定，经批准成立的其他各类档案馆，根据需要，可以承担前款规定的工作任务。

第十一条 全国档案馆的设置原则和布局方案，由国家档案局制定，报国务院批准后实施。

第三章 档案的管理

第十二条 按照国家档案局关于文件材料归档的规定，应当立卷归档的材料由单位的文书或者业务机构收集齐全，并进行整理、立卷，定期交本单位档案机构或者档案工作人员集中管理；任何人都不得据为己有或者拒绝归档。

第十三条 机关、团体、企业事业单位和其他组织，应当按照国家档案局关于档案移交的规定，定期向有关的国家档案馆移交档案。

属于中央级和省级、设区的市级国家档案馆接收范围的档案，立档单位应当自档案形成之日起满20年即向有关的国家档案馆移交；属于县级国家档案馆接收范围的档案，立档单位应当自档案形成之日起满10年即向有关的县级国家档案馆移交。

经同级档案行政管理部门检查和同意。专业性较强或者需要保密的档案，可以延长向有关档案馆移交的期限；已撤销单位的档案或者由于保管条件恶劣可能导致不安全或者严重损毁的档案，可以提前向有关档案馆移交。

第十四条 既是文物、图书资料又是档案的，档案馆可以与博物馆、图书馆、纪念馆等单位相互交换重复件、复制件或者目录，联合举办展览，共同编辑出版有关史料或者进行史料研究。

第十五条　各级国家档案馆应当对所保管的档案采取下列管理措施：

（一）建立科学的管理制度，逐步实现保管的规范化、标准化；

（二）配置适宜安全保存档案的专门库房，配备防盗、防火、防渍、防有害生物的必要设施；

（三）根据档案的不同等级，采取有效措施，加以保护和管理；

（四）根据需要和可能，配备适应档案现代化管理需要的技术设备。

机关、团体、企业事业单位和其他组织的档案保管，根据需要，参照前款规定办理。

第十六条　《档案法》第十四条所称保密档案密级的变更和解密，依照《中华人民共和国保守国家秘密法》及其实施办法的规定办理。

第十七条　属于集体所有、个人所有以及其他不属于国家所有的对国家和社会具有保存价值的或者应当保密的档案，档案所有者可以向各级国家档案馆寄存、捐赠或者出卖。向各级国家档案馆以外的任何单位或者个人出卖、转让或者赠送的，必须报经县级以上人民政府档案行政管理部门批准；严禁向外国人和外国组织出卖或者赠送。

第十八条　属于国家所有的档案，任何组织和个人都不得出卖。

国有企业事业单位因资产转让需要转让有关档案的，按照国家有关规定办理。

各级各类档案馆以及机关、团体、企业事业单位和其他组织为了收集、交换中国散失在国外的档案、进行国际文化交流，以及适应经济建设、科学研究和科技成果推广等的需要，经国家档案馆或者省、自治区、直辖市人民政府档案行政管理部门依据职权审查批准，可以向国内外的单位或个人赠送、交换、出卖档案的复制件。

第十九条　各级国家档案馆馆藏的一级档案严禁出境。

各级国家档案馆馆藏的二级档案需要出境的，必须经国家档案局审查批准。各级国家档案馆馆藏的三级档案、各级国家档案馆馆藏的一、二、三级档案以外的属于国家所有的档案和属于集体所有、个人所有以及其他不属于国家所有的对国家和社会具有保存价值的或者应当保密的档案及其复制件，各级国家档案馆以及机关、团体、企业事业单位、其他组织和个人需要携带、运输或者邮寄出境的，必须经省、自治区、直辖市人民政府档案行政管理部门审查批准，海关凭批准文件查验放行。

第四章　档案的利用和公布

第二十条　各级国家档案馆保管的档案应当按照《档案法》的有关规定，分期分批地向社会开放，并同时公布开放档案的目录。档案开放的起始时间：

（一）中华人民共和国成立以前的档案（包括清代和清代以前的档案；民国时期的档案和革命历史档案），自本办法实施之日起向社会开放；

（二）中华人民共和国成立以来形成的档案，自形成之日起满30年向社会开放；

（三）经济、科学、技术、文化等类档案，可以随时向社会开放。

前款所列档案中涉及国防、外交、公安、国家安全等国家重大利益的档案，以及其他虽自形成之日起已满30年但档案馆认为到期仍不宜开放的档案，经上一级档案行政管理部门批准，可以延期向社会开放。

第二十一条　各级各类档案馆提供社会利用的档案，应当逐步实现以缩微品代替原件。档案缩微品和其他复制形式的档案载有档案收藏单位法定代表人的签名或者印章标记的，具有与档案原件同等的效力。

第二十二条　《档案法》所称档案的利用，是指对档案的阅览、复制和摘录。

中华人民共和国公民和组织，持有介绍信或者工作证、身份证等合法证明，可以利用已开放的档案。

外国人或者外国组织利用中国已开放的档案，须经中国有关主管部门介绍以及保存该档案的档案馆同意。

机关、团体、企业事业单位和其他组织以及中国公民利用档案馆保存的未开放的档案，须经保存该档案的档案馆同意，必要时还须经有关的档案行政管理部门审查同意。

机关、团体、企业事业单位和其他组织的档案机构保存的尚未向档案馆移交的档案，其他机关、团体、企业事业单位和组织以及中国公民需要利用的，须经档案保存单位同意。

各级各类档案馆应当为社会利用档案创造便利条件。提供社会利用的档案，可以按照规定收取费用。收费标准由国家档案局会同国务院价格管理部门制定。

第二十三条 《档案法》第二十二条所称档案的公布，是指通过下列形式首次向社会公开档案的全部或者部分原文，或者档案记载的特定内容：

（一）通过报纸、刊物、图书、声像；

（二）通过电台、电视台播放；

（三）通过公众计算机信息网络传播；

（四）在公开场合宣读、播放；

（五）出版发行档案史料、资料的全文或者摘录汇编；

（六）公开出售、散发或者张贴档案复制件；

（七）展览、公开陈列档案或者其复制件。

第二十四条 公布属于国家所有的档案，按照下列规定办理：

（一）保存在档案馆的，由档案馆公布；必要时，应当征得档案形成单位同意或者报经档案形成单位的上级主管机关同意后公布；

（二）保存在各单位档案机构的，由各单位公布；必要时，应当报经其上级主管机关同意后公布；

（三）利用属于国家所有的档案的单位和个人，未经档案馆、档案保存单位同意或者前两项所列主管机关的授权或者批准，均无权公布档案。

属于集体所有、个人所有以及其他不属于国家所有的对国家和社会具有保存价值的档案，其所有者向社会公布时，应当遵守国家有关保密的规定，不得损害国家的、社会的、集体的和其他公民的利益。

第二十五条 各级国家档案馆对寄存档案的公布和利用，应当征得档案所有者同意。

第二十六条 利用、公布档案，不得违反国家有关知识产权保护的法律规定。

第五章 罚则

第二十七条 有下列行为之一的，由县级以上人民政府档案行政管理部门责令限期改正；情节严重的，对直接负责的主管人员或者其他直接责任人员依法给予行政处分：

（一）将公务活动中形成的应当归档的文件、资料据为已有，拒绝交档案机构、档案工作人员归档的；

（二）拒不按照国家规定向国家档案馆移交档案的；

（三）违反国家规定擅自扩大或者缩小档案接收范围的；

（四）不按照国家规定开放档案的；

（五）明知所保存的档案面临危险而不采取措施，造成档案损失的；

（六）档案工作人员、对档案工作负有领导责任的人员玩忽职守，造成档案损失的。

第二十八条 《档案法》第二十四条第二款、第三款规定的罚款数额，根据有关档案的价值和数量，对单位为1万元以上10万元以下，对个人为500元以上5000元以下。

第二十九条 违反《档案法》和本办法，造成档案损失的，由县级以上人民政府档案行政管理部门、有关主管部门根据损失档案的价值，责令赔偿损失。

第六章 附则

第三十条 中国人民解放军的档案工作，根据《档案法》和本办法确定的原则管理。

第三十一条 本办法内发布之日起施行。

中华人民共和国档案行业标准

——归档文件整理规则

归档文件整理规则 DA/T 22—2015

The Arrangement Ruled Filing Documents

1. 范围

本标准规定了归档文件整理的原则和方法。

本标准适用于各级机关、团体和其他社会组织。

2. 定义

本标准采用下列定义。

2.1 归档文件

立档单位在其职能活动中形成的、办理完毕应作为文书档案保存的各种纸质文件材料。

2.2 归档文件整理

将归档文件以件为单位进行装订、分类、排列、编号、编目、装盒，使之有序化的过程。

2.3 件

归档文件的整理单位。一般以每份文件为一件，文件正本与定稿为一件，正文与附件为一件，原件与复制件为一件，转发文与被转发文为一件，报表、名册、图册等一册(本)为一件，来文与复文可为一件。

3. 整理原则

遵循文件的形成规律，保持文件之间的有机联系，区分不同价值，便于保管和利用。

4. 质量要求

4.1 归档文件应齐全完整。已破损的文件应予修整；字迹模糊或易褪变的文件应予复制。

4.2 整理归档文件所使用的书写材料、纸张、装订材料等应符合档案保护要求。

5. 整理方法

5.1 装订

归档文件应按件装订。装订时，正本在前，定稿在后；正文在前，附件在后；原件在前复制件在后；转发文在前，被转发文在后；来文与复文作为一件时，复文在前，来文在后。

5.2 分类

归档文件可以采用年度——机构(问题)——保管期限或保管期限——年度——机构(问题)等方法进行分类。同一全宗应保持分类方案的稳定。

5.2.1 按年度分类

将文件按其形成年度分类。

5.2.2 按保管期限分类

将文件按划定的保管期限分类。

5.2.3 按机构(问题)分类

将文件按其形成或承办机构(问题)分类(本项可以视情况予以取舍)。

5.3 排列

归档文件应依分类方案的最低一级类目内，按事由结合时间、重要程度等排列。会议文件、统计报表等成套性文件可集中排列。

5.4 编号

归档文件应依分类方案和排列顺序逐件编号，在文件首页上端的空白位置加盖归档章并填写相关内容，归档章设置全宗号、年度、保管期限、件号等必备项，并可设置机构(问题)等选择项(见图1，图例中"＊"号栏为选择项，不选用时无须设置，以下同)。

5.4.1 全宗号：档案馆给立档单位编制的代号。

5.4.2 年度：文件形成年度，以四位阿拉伯数字标注公元纪年，如1978。

5.4.3 保管期限：归档文件保管期限的简称或代码。

5.4.4 件号：文件的排列顺序号。

件号包括室编件号和馆编件号，分别在归档文件整理和档案移交进馆时编制。室编件号的编制方法为：依分类方案的最低一级类目内，按文件排列顺序从"1"开始标注。馆编件号按进馆要求标注。

5.4.5 机构(问题)：作为分类方案类目的机构(问题)名称或规范化简称。

5.5 编号

归档文件应依据分类方案和主编件号顺序编制归档文件目录。

5.5.1 归档文件应逐件编入目录。来文与复文作为一件时，只对复文进行编目。归档文件目录设置件号、责任者、文号、题名、日期、页数、备注等项目(见图A2)。

5.5.1.1 件号：填写室编件号。

5.5.1.2 责任者：制发文件的组织或个人，即文件的发文机关和署名者。

5.5.1.3 文号：文件的发文字号。

5.5.1.4 题名：文件标题。没有标题或标题不规范的，可自拟标题，外加"［ ］"号。

5.5.1.5 日期：文件的形成时间，以8位阿拉伯数字标注年月日，如19990909。

5.5.1.6 页数：每一件归档文件的页数。文件中有图文的页面为一页。

5.5.1.7 备注：注释文件需说明的情况。

5.5.2 归档文件目录用纸幅面尺寸采用国际标准A4型(长×宽为297mm×210mm)。

5.5.3 归档文件目录应装订成册并编制封面。归档文件目录封面可以视需要设置全宗名称、年度、保管期限、机构(问题)等项目(见图A3)。其中全宗名称即立档单位名称，填写时应使用全称或规范化简称。

5.6 装盒

将归档文件按室编件号顺序装入档案盒，并填写档案封面、盒脊及备考表项目。

5.6.1 档案盒

5.6.1.1 档案盒封面应标明全宗名称。档案盒外形尺寸为310mm×220 mm(长×宽)，盒脊厚度可以根据需要设置为20 mm、30 mm、40 mm 等(见图A4)。

5.6.1.2 档案盒应根据摆放方式的不同，在盒脊或底边设置全宗号、年度、保管期限、起止件号、盒号等必备项，并可设置机构(问题)等选择项(见图A4b，图A4c)。其中，起止件号填写盒内第一件文件和最后一件文件的件号，中间用"－"号连接；盒号即档案盒的排列序号，在档案移交进馆时按进馆要求编制。

5.6.1.3 档案盒应采用无酸纸制作。

5.6.2 备考表

备考表项目包括盒内文件情况说明、整理人、检查人和日期(见图A5)，置于盒内文件之后。

5.6.2.1 盒内文件情况说明：填写盒内文件缺损、修改、补充、移出、销毁等情况。

5.6.2.2 整理人：负责整理归档文件的人员姓名。

5.6.2.3 检查人：负责检查归档文件整理质量的人员姓名。

5.6.2.4 日期：归档文件整理完毕的日期。

附图：

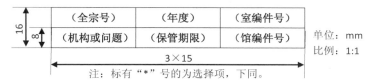

（全宗号）
（年度）
（室编件号）
（机构或问题）
（保管期限）
（馆编件号）
16
8
3×15
单位：mm
比例：1:1
注：标有“*”号的为选择项，下同。

图 A1 归档章式样

归档文件目录

编号	责任者	文号	题名	日期	页数	备注

图 A2 归档文件目录式样

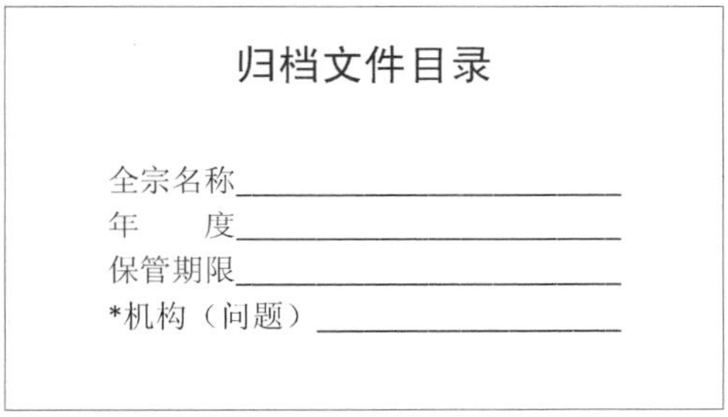

归档文件目录
全宗名称
年 度
保管期限
*机构（问题）

图 A3 归档文件目录封面式样

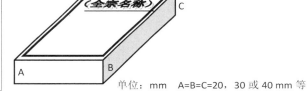

（全宗名称）
A
B
C
单位：mm A=B=C=20，30 或 40 mm 等

图 A4 档案盒封面式样及规格

全宗号
年度
保管期限
*机构（问题）
起止件号
室
馆
盒号
30
30
30
30
30
30
30
30
30

图 A4b 档案盒盒脊式样

全宗号
年度
保管期限
*机构（问题）
起止件号
室
馆
盒号
25
25
25
25
25
25
25
25
220

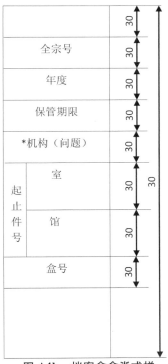

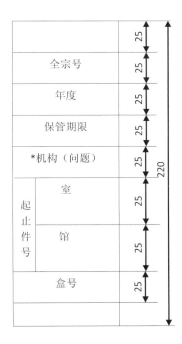

单位：mm

图 A4c 档案盒盒底式样

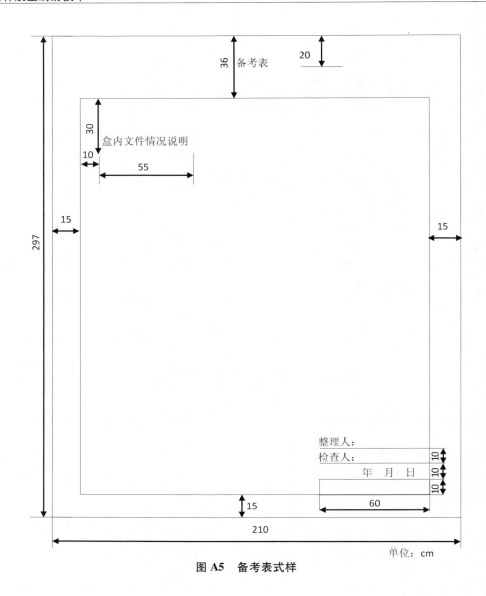

图 A5　备考表式样

国家标准：文书档案案卷格式

中华人民共和国国家标准

文书档案案卷格式

The Filing Forms of Administrative Records

1. 适用范围

本标准适用于我国各级档案馆(室)和文书处理部门。

2. 案卷卷皮格式

文书档案案卷卷皮分两种，一种是硬卷皮，一种是软卷皮。

2.1　硬卷皮格式

2.1.1　硬卷皮外形尺寸

封面尺寸规格采用 300 mm×220 mm 或 280 mm×210 mm（长×宽）。

封底尺寸同封面尺寸。

封底三边（上、下、翻口处）要另有 70 mm 宽的折叠纸舌。

卷脊可根据需要分别设 10mm、15mm、20mm　3 种厚度。

用于成卷装订的卷皮，上、下侧装订处要各有 20 mm 宽的装订纸舌。

本标准推荐使用 250 克牛皮纸制作案卷硬卷皮。

2.1.2　硬卷皮封面项目

封面项目包括：全宗名称、类目名称、案卷题名、时间、保管期限、件、页数、归档号、档号。各项目有具体位置、尺寸。

2.1.3　封面项目的编码方法

2.1.3.1　全宗名称

全宗名称相同于立档单位的名称。填写全宗名称必须用全称或通用简称。如"中国共产党中央委员会"简称为"中共中央"；"中华人民共和国外交部"简称为"外交部"；"河北省人民政府人事局"简称为"河北省人事局"。不得简称为"本部"、"本委"、"本省人事局"。

2.1.3.2　类目名称

类目名称指全宗内分类方案的第一级分类目名称，在一个全宗内应按统一的方案分类，并应保持分类体系的稳定性。

2.1.3.3　案卷题名

案卷题名即案卷标题，一般由立卷人自拟。案卷题名应当准确概括本卷文件的主要制发机关、内容、文种。文字应力求简练、明确。

2.1.3.4　时间：卷内文件所属的起止年月。

2.1.3.5　保管期限：立卷时划定的案卷保管期限，一般由立卷人填写。

2.1.3.6　件、页数：装订的案卷要填写总页数，不装订的案卷要填写本卷的总件数。

2.1.3.7　归档号：填写文书处理号，由立卷人填写。

2.1.3.8　档号的编制

封面档号由全宗号、目录号、案卷号组成。

全宗号：档案馆指定给立档单位的编号。

目录号：全宗内案卷所属目录的编号，在同一个全宗内不允许出现重复的案卷目录号。

案卷号：目录内案卷的顺序编号。

2.1.4　卷脊项目包括：全宗号、目录号、年度、案卷号以及其排列格式尺寸。

2.2　软卷皮格式

使用软卷皮装订的案卷，必须装入卷盒内保存。

2.2.1　软卷皮外形尺寸

软卷皮设封皮和封底，其封皮和封底可根据需要采用长、宽为 297mm×210mm（供 A4 型纸用）或 260 mm×l85mm（供 16 开型纸用）的规格。

2.2.2　软卷皮封面项目

软卷皮封面项目及填写方法均同硬卷皮格式。封面项目有尺寸、位置。

2.2.3　软卷皮封二项目

软卷皮封二设置项目包括：顺序号、文号、责任者、题名、日期、页号、备注以及各项目具体位置、尺寸。

软卷皮封二项目的填写方法同以下 3.4 卷内文件目录填写方法。

2.2.4 软卷皮封三设置项目包括：本卷情况说明、立卷人、检查人、立卷时间以及其尺寸位置。

软卷皮封三项目的填写方法同以下 4.3 卷内备考表填写方法。

2.3 卷盒格式

2.3.1 卷盒外形尺寸采用 300 mm×220 mm（长×宽），其高度可根据需要分别设置 30mm、40mm 或 50 mm 的规格。在盒盖翻口处中部要设置绳带，使盒盖能紧扣住卷盒。

2.3.2 卷盒封面和卷脊格式

卷盒封面为空白面。

卷脊项目包括全宗名称、目录号、年度、起止卷号。

2.4 填写要求

填写案卷封面及卷脊时一律要求用毛笔或钢笔，字迹要求工整。

3. 卷内文件目录格式

3.1 目录用纸幅面尺寸采用国内通用 16 开型（即长×宽为 260mm×185mm）或国际标准 A4 型（即长×宽为 297mm×210 mm）。

3.2 页边与文字区尺寸

卷内目录用纸上白边（天头）宽 20mm±0.5mm

卷内目录用纸下白边（地脚）宽 15mm±0.5mm

卷内目录用纸左白边（订口）宽 25mm±0.5mm

卷内目录用纸右白边（翻口）宽 15mm±0.5mm

3.3 卷内文件目录项目包括：顺序号、文号、责任者、题名、日期、页号、备注以及各项目具体位置、尺寸。

3.4 卷内文件目录填写方法

3.4.1 顺序号：以卷内文件排列先后顺序填写的序号，亦即件号。

3.1.2 文号：文件制发机关的发文字号。

3.4.3 责任者：对档案内容进行创造或负有责任的团体和个人，亦即文件的署名者。

3.4.4 题名：即文件的标题，一般应照实抄录。没有标题或标题不能说明文件内容的文件，可自拟标题，外加"［ ］"号。

3.4.5 日期：文件的形成时间。填写时可省略"年""月""日"字，在表示年、月的数字右下角加"·"号。

3.4.6 页号：卷内文件所在之页的编号。

3.4.7 单份装订的案卷应逐件加盖档号章。档号章的位置在每件文件首页的右上角。

3.4.8 备注：留待对卷内文件变化时作说明之用。

4. 卷内备考表格式

4.1 卷内备考表外形尺寸及页边与文字区尺寸均同卷内目录。

4.2 卷内备考表项目包括：本卷情况说明、立卷人、检查人、立卷时间以及各项目具体位置、尺寸。

4.3 卷内备考表填写方法

4.3.1 本卷情况说明：填写卷内文件缺损、修改、补充、移出、销毁等情况。案卷立好以后发生或发现的问题由有关的档案管理人员填写并签名、标注时间。

4.3.2 立卷人：由责任立卷者签名。

4.3.3 检查人：由案卷质量审核者签名。

4.3.4 立卷时间：填写完成的立卷日期。

5. 案卷各部分的排列格式

5.1　使用硬卷皮组卷，无论装订与否，其案卷各部分的排列格式均是：案卷封面—卷内文件目录—文件—备考表—封底。

5.2　使用软卷皮组卷，其案卷各部分按下列格式排列：软卷封面（含卷内文件目录）—文件—封底（含备考表），以案卷号排列次序装入卷盒保存。

6. 文书档案案卷格式监制

6.1　文书档案案卷的硬卷皮、软卷皮、卷盒、卷内文件目录、备考表的监制权属于各级档案局。

6.2　在卷皮封底的下部应印上"出××档案局监制"的字样。